亲切的艺术

Gracious

A Practical Primer on Charm, Tact, and Unsinkable Strength

[美]
凯莉·威廉斯·布朗
———著

赵妍
———译

北京联合出版公司
Beijing United Publishing Co.,Ltd.

图书在版编目（CIP）数据

亲切的艺术 /（美）凯莉·威廉斯·布朗著；赵妍译. — 北京：北京联合出版公司，2018.12
ISBN 978-7-5596-2468-0

Ⅰ.①亲…　Ⅱ.①凯…　②赵…　Ⅲ.①人生哲学－通俗读物　Ⅳ.①B821-49

中国版本图书馆CIP数据核字（2018）第208001号

北京市版权局著作权合同登记号：01-2018-5300号

Gracious：A Practical Primer on Charm, Tact, and Unsinkable Strength by Kelly Williams Brown
Published by agreement with Bloxom LLC through Andrew Nurnberg Associates International Limited.

亲切的艺术

作　　者：（美）凯莉·威廉斯·布朗		译　者：赵　妍	
责任编辑：杨　青　高霁月		特约编辑：丛龙艳	
产品经理：于海娣		版权支持：张　婧	

- -

北京联合出版公司出版
（北京市西城区德外大街83号楼9层　100088）
北京联合天畅文化传播公司发行
天津旭丰源印刷有限公司印刷　新华书店经销
字数 180千字　880mm×1230mm　1/32　印张 8.25
2018年12月第1版　2018年12月第1次印刷
ISBN 978-7-5596-2468-0
定价：49.80元

- -

谨献给

布洛克森的诸位女士——

乔治亚、GB、伊莱恩、菲利斯、芭比、奥莉维亚以及伊丽莎白

帮助我们从一言一行做起，

为这个伤痕累累的世界

奉献自己的一片爱心。

——《冥思》

永远保持亲切，

就是对你最好的回击。

——碧昂斯 *Formation*

目 录

让我们一起探索插花艺术*
是如何拯救世界的

亲爱的读者朋友，你好！非常开心能够与你见面——此刻你或许在书店里，或许倚在沙发上，又或许在旅行途中的机舱里。我希望你一切都安好，祝愿你所生活的地方比你眼前这本书的作者所处的世界更加美好、和善。

说起我们的世界……它（深呼一口气）……告诉你吧，并不总是那么美好。人们经常会互相大吵大闹，要是不吵闹的话，那就是到了互相不理不睬的地步。比起与人相处，大家更愿意盯着各自的手机屏幕。此外，大到国家之间的冲突，也是一个问题。

如果世界也是一个人的话，可能我会把自己极度不满的态度告诉其他人，我会压低音量，瞥一眼四周有没有人偷听："你们知道吗？我觉得世界这个人生性顽劣、不可救药！"大家肯定会一致点头赞同，世界这个人在大家心中的形象已经完蛋了。

★ 代指亲切。——译者注

I

人类是一种群居动物，因此有时候人们会产生共同的情感，不过，这些情感常常是恐惧、绝望，或者是处在满屋子的人中间依然内心孤寂，并没有一伙人今天下午要一起去划船游玩，你带几大盒奶酪、我带几大罐熏火腿那种热情劲儿。

在悲伤情绪笼罩的时候，大家会暂时凝聚在一起，随后又会故态复萌：躲开身边有血有肉的人，继续盯着自己的手机屏幕。我也很喜欢看手机上有趣的东西啊！不瞒你说，其实我也把很多时间花在玩手机上。从手机上我能了解世界各地的各种消息，能实时看到亲近朋友们的动态，还能看到不那么耳熟能详的人所取得的成就，也能看到某些不好的言论。然后，我也利用手机表达自己的愤慨，与"志同道合"的人高谈阔论。在这"半亩方塘"似的屏幕之中，我能了解到整个世界的所有事物（除了我身边真真切切的人和事），更为重要的是，我也可以通过屏幕让别人了解自己。

通过屏幕，人们花费大量的时间和精力刷自己的存在感——看！这是我今天的早餐；在 Snapchat* 上发个动态证明自己属于人类。看，我还活着！或者在别人搞笑的推特（Twitter）动态底下发一段评论。我玩手机和大家一样，都占据了物理空间，耗费了宇宙的能量，但我爱思考，我发的动态和评论并不是无足轻重的。

每每周围的世界与我们脱节的时候，我们在自己的生活中也对周围活生生的人漠不关心，这种失去存在感的感觉自然会加深。

我们往往会把自己面前有血有肉的人不当回事，或把他们当作人生前行路上的绊脚石，却把一些次要的东西，比如马路上的交通

---

* 类似微信的网络社交平台。——译者注

堵塞误看作生命中真真切切的东西，事实上，这类交通堵塞才是生活中真正的绊脚石。

这样说大家或许是我的不对，但是在某种意义上来解释人性，这样说便是正确的，因为正确的东西不一定是事实。

可是这样想也有不对的地方，因为人人都和自己一样都是同类。人人都想得到认可，甚或需要得到别人的认可。大家都是各有来头，各有目标。谁都不是子虚乌有的，并不是说你在公交车上听到别人的手机铃声和紧接着的打电话声之前，他们就不存在；也并不是一旦离开你的视线，他们就跟雨后路边的白垩一样消失不见。

你一生中遇到的每个人都和你一样重要且独特，尽管要达成这样的认知实属不易。每个人都有自己最喜欢的食物、最爱用的铅笔，或者孩童时代最心爱的玩具，就算现在已经长大成人，那件玩具的丢失也会让自己再度难过。人人都有自己人生中最难忘的时刻，或是那一天，或是那几个小时，会时时想起又时时珍藏在心底。面对眼前的困难，人人都会想起心底那些美好的时光，让自己缓过来。他们知道曾经是那么快乐、那么美好，相信未来一定会再次美好起来的。

这些人，这些所谓的别人，并不是你肚子里的蛔虫，并不了解你自己人生中的顺境或逆境。他们也经历过低谷，或许，你不爽的今天也正是他们的低谷，谁又能说得清呢？

我们只能谨记库尔特·冯内古特*的良言："我只知道，人哪，必须有一颗善心。"

"举止"一词，虽然短小且十分常见，但是其寓意非常深厚。良

---

* 美国著名黑色幽默作家。——译者注

好的举止包含真诚、善良与对人的尊敬。那应当是做人的基本，而不是一时心血来潮，想在别人面前炫耀一下才表现出来的。至于不好的举止*，就像路德维希·维特根斯坦**所说的："我们不愿意说出来的事情，那就以沉默待之吧。"

把人与人之间的交流建立在良好的举止之上，就是解决我之前提到过的那种内心孤寂感最好的解药***。有时候，良好的举止见于豪情侠义之举；但是它最真实的一面还是见于细微之处，平日里就能看出一个人的举止是否得当。只要你坚持践行仁义、善良，这些良好的品质慢慢就会融进你的个性之中。

那么，这本书为什么叫《亲切的艺术》而不叫《举止的艺术》呢？因为举止是一个统称，涵盖的范围太广；而"亲切"一词就很精确，它专指一些良好又得体的言行举止，而且，在我看来，亲切的品性很有可能会把我们从这个糟糕的世界中拯救出来。亲切虽然只是礼仪与言行举止的一方面，但它也有一个道德核心在支撑。亲切可以在

---

* 在这里，请读者朋友注意一下《优雅女士看扯淡》中的一个例子：当谈起一个不太好的话题的时候，别人以为你不排斥这个话题，实则你很排斥。于是你就微微摇头，以示这个话题不宜谈论。我最敬佩的人中，属我的教母在这方面做得最好，她说："我的天哪！我的生活完全像个噩梦。我内心中好像有两个小人儿，一个想爬上树顶大声地向大家发出警告，就像神情恍惚的保罗·列维尔（美国早期实业家，他最著名的事迹是在列克星敦和康科德战役前夜警告殖民地民兵英军即将到来表）一样；另一个又想什么也不干，就等着割腕自尽。"原来，她抱怨的是在自己生活的小镇上味道不错的越南餐厅实在是太少了。——原注（本书注释中未做特别说明是"译者注"的条目，均为原书作者所作的注释。）

** 奥地利哲学家。——译者注

*** 我坦言，我唯一一次应付棘手的事情心里不爽的时候，我认为自己肯定可以解决这个问题。但是最终我是这样解决的：我莞尔一笑，说"大家一样都是地球上行走的人啊，有什么过不去的"。那天晚上，我以此来回答向我提出的所有问题。对现在正被某些问题困扰的读者来说，这可能是个正解。

你与其他人接触的时候表现出来——在你所到之处，都表现出美好；就算在你不乐意的时候，也尽量表露你的爱心。皆大欢喜着实是一大乐事。越是小事，越能体现出来我们的本质。亲切也是如此。我们把每一件以小见大的事情都做好，积少成多，世界就不再那么糟糕。众所周知，大家想要的就是得到别人的认可、友好相处、天下大同，在这个并不舒适的环境中惬意地度过一生。*

很多时候，当受到别人恩惠的时候，我们的第一反应是："哎呀，太麻烦您啦，您可以不用这样的。"当然，别人帮助你不是他们的义务。举个例子，你不小心听到别人说饿了，而且你知道他这个时候身上没有一分钱，并没有哪一条法律规定这个时候你必须帮助他，送给他几块饼干。我们有义务必须做的事情体现不出任何高尚的道德，而道德在我们自己主动去做的事情中才能体现出来。

稍等！真的有上面说的那样帮助别人的人吗？

是的，答案是肯定的，而且这样的人不是少数。交往起来能感受到对方的热情、真诚，能使双方都觉得舒服，我们自然而然会被这类人的人格魅力所吸引。还好他们本质纯朴，并不对自己的付出与回报斤斤计较。

---

* 我不是魔鬼，不知道地狱是什么情况。至少与还未出生时在母亲的子宫里比起来，这个世间太糟糕了。

在我的成长历程中，身边有不少这样的楷模——斯科特夫人 *、普罗斯特夫人、盖比小姐、弗吉尼亚小姐、里格尼夫人、福米可小姐、莱布兰达夫人、罗兹小姐——如果你和她们关系非常"亲近"，那么就得把所有人都称作某某小姐了。在我还很小，甚至不懂事的时候，我都能感觉到她们身上特殊的魅力。她们总是那么自信，让人觉得很踏实；在任何情况下，她们都十分稳重，从不会乱了阵脚；她们说的话总是那么恰如其分，而又妙趣横生。

她们说话言简意赅，做事雷厉风行，所出之言，掷地有声。她们似乎有一种魔力，在适当的场合会变出合适的小玩意儿，比如精美的贺卡、好吃的烘焙食品或者有趣的玩具。当我去她们家里做客的时候，感觉自己就像英格兰女王一样，有求必应。要是我不小心打翻了蔓越莓果汁或者苏打水杯子——上面还有柠檬片装饰，她们从不责骂我，甚至都没有一丝丝想要责怪我的意思。虽然我当时只是个小屁孩，但是她们依旧和我谈得热火朝天。她们会平等地和我交流，请教我一些问题，然后很认真地聆听我的回答，对于认可的地方还点点头以示赞同，似乎我幼稚的话语里面也有引人深思的大道理。她们身上散发着一种特质，能够让她们身边的人感到浓浓爱意，觉得自己也是与众不同的。

我曾经在一家报社担任记者一职（2004 年，那可真是本人超级棒的职业选择），我最喜欢的工作内容之一就是写《周末人物记》这

---

* 或许有些人不赞成我的这种称呼（在英语中"夫人"表示已婚，"小姐"表示未婚），但是我觉得"小姐""夫人"听起来差不多（英语中，"夫人"Mrs 与"小姐"Miss 发音十分相似）。还有，这里我提到的某某小姐，只是用她们自己的名字，没有加上姓氏，并没有暗指任何婚姻状况。

一栏目。我会首先跟踪考察我的目标人物，至少为时一周。具体来说，我会与他们交谈，说说他们自己的日常生活，或者只是简单地看着他们工作甚至做任何事情，只要他们愿意。因为下笔之前要做这些工作，所以找一个合适的人选也是非常重要的。对于读者来说，写出来的故事一定要值得一读，而且私底下从自己的立场来看，为写文章，我也付出了不少，要是写出来的东西毫无价值，只是为了填补饥渴的新闻无底洞*，那就太对不起我的编辑了。

这种首先搜寻写作对象的方法是可行的，我会动用自己的交际圈，广撒网，给市政厅的行政助理或者俄勒冈州市场部的工作人员打电话，向他们咨询最风趣可爱的人物。

接着我会致电目标人物，他们通常会是酒厂老板、发型师，还有爱心女士——她开着装满物品的卡车，接济当地无家可归的流浪汉，而且她能够——叫出他们的名字，甚至她征求过我的意见，问我能否也跟踪观察这些流浪汉。

通话半分钟之后，此人是否是我要采访的对象，我的心里已经大致有数了。人格魅力强大的人第一句——首先要表达的意思——他们会一字一句很认真地说："我觉得你应该采访别人，我这个人实在是太平庸了。你有没有考虑过某某某？"

他们口中的某某某确实不错，但是我真正想要采访的人是他们啊。难道他们就不能一块儿见面喝咖啡吗？

---

* 在这里，新闻无底洞就是指报纸版面的设计。报纸版面字面意思是指印刷好的页面，包括图文、余白整个部分。有多种因素影响报纸版面的设计，比如广告的多少、当天是星期几以及可能的各种外界因素。我的朋友南希和理查尔把它称为"新闻无底洞"，此种用语十分风趣、准确，一针见血。

说好一起喝咖啡之后，他们会问我喜欢哪家、什么时候方便，等等。极少时候，他们会因为当天家人出现紧急情况而爽约，他们会深切地表达歉意。事后他们会在不经意间把他家人的心脏手术情况一句带过，让我不用担心。每当这个时候，我就会想，他们怎么还会有空和我通电话？难道此时他们不应该是在家里忙来忙去吗？或者是怨天尤人，抱怨命运的不公吗？要是我身边的人做了阑尾切除手术，我就会那样做。看吧，我其实并不怎么优雅。

当我们坐下来一起喝咖啡的时候，不管我说了多少次我请客，他们都坚持要请我喝。他们绝不会滔滔不绝地谈论关于自己的话题，除非我正面问一些不会牵扯到别人的问题，他们才会说起自己，这时候他们会很愿意配合我。

他们会大大夸赞我一番，说记者这个职业如何如何好，惊叹于我每天都会遇到不一样的人物，每天都是一场新奇的探险，作为一名职业作家，我的生活是多么美好。他们说俄勒冈的萨勒姆城因我而出彩，问我住在哪个区、有没有采访过名人某某某。我心想，有幸当然要采访了。我能感受到他们眼里的羡慕与钦佩，也能感受到他们的风趣与智慧。他们会询问我的个人情况，问我想不想念新奥尔良、有没有兄弟姐妹、兄弟姐妹们都在哪儿。得知我的兄弟姐妹一个在旧金山当记者，另一个在西雅图做图标设计师，还有一个是在微软游戏部门，他们会惊叹道："你们的父母一定以你们为荣吧！天哪，你们真的是太优秀了！"

可能你读完上面这一段文字后，心想，这完全是瞎扯！觉得他们说的话肯定不是真的，起码不真诚。这确实批评得很中肯，但那确确实实是亲切人士的品格之一。他们对别人的赞美可以持续好几个小时之久，头几次和他们交流，真的会被他们的赞美淹没。我当时心想：
"我的天哪，这次见面说这些话真的是意料之外啊。对面坐着的人渴
望了解我的一切，和他交谈的过程中，我也很愿意说出自己的生活状
况。天哪，太不可思议了。"

但是，慢慢地，我体会到了，对别人表现出自己想要了解的兴趣
并且在交往过程中全身心投入，正是他们成为我朋友心目中最优秀的
人从而成为我撰写人物周记对象的原因。

我掌握这门技巧之后，采访别人也是以委婉的方式，这样对方就
会主动吐露关于自己的信息。就是通过这样的方式，我获悉，在以前
女性不被大学接纳的时候，照样有人拿到了物理学博士学位，而且，
事实上，她们当中有很多优秀的人，在国会大厦重修的时候担任总
监；还有人每年都会为单身者们举行单身派对，她们真的做出了不少
贡献。

美好的心灵究竟是如何造就的呢？对于那些个人魅力强大的亲切
人士，大家都存在这样的疑问：到底是如何做到的呢？我要怎样才能
也变成那样呢？我真的也会变成心目中的那个样子吗？会不会变成一
个处事不惊、不以物喜的人呢？要怎样才能做到一生都和善友好而不
是易怒、易焦躁？如何才能做到以最舒服的状态与周围的人交往，从
而使双方都感觉到融洽且惬意？最后想问，可以和这样的人交朋友
吗？从各方面来讲，我自己都双手赞成。

和亲切之人交往，真的如沐春风。他们强大的个人魅力并不是因
为一个微笑或者其他任何外在的表现。通过《周末人物记》的采访，
我渐渐认识到亲切的人身上会自动散发出一种吸引人的光芒，他们周
围的世界自会充满浓浓爱意。与他们接触过的人都会想要继续与他们

交往。正如美国著名礼仪学专家艾米莉·波斯特的作品《谈礼仪》第一版中所讲到的：

> 理想中的社会并不是指物质上富裕的社会，而是指社会是由这样一群人组成的：他们温文尔雅，言谈举止十分得体，能够站在别人的立场换位思考。

我写这本书就是想要寻找这样的社会，请教这种社会里面的人士是如何做到的。我也想从自身出发，成为那样的人；若不能，至少能接近他们、了解他们，然后分享给读者朋友和整个世界。

在这本书的撰写过程中，我寻找书中采访对象的办法和我之前写《周末人物记》的办法一样——四处打听我心目中的理想人物：他们上得了厅堂，下得了厨房，能高谈阔论天下事，也能与朋友谈笑风生。他们简直是北斗星，引导身边的人到达理想的彼岸。在我给朋友们讲述我要找的人物时，他们会满脸兴奋地说："我知道你要找的人是什么样的！我认识一位这样的人……但是，嗯……她是我前男友的妈妈。我和我前男友基本不怎么联系了，高中那会儿他就是个浑蛋。但是我和他妈妈关系还不错，我们通过脸书*（Facebook）一直保持着联系，改天我问问她能不能把她的电话给你。"

我打通她的电话的时候，询问是否能见她一面细聊。得知我要写一本关于亲切的书时，她大笑着问我是否确定要找她作为采访对象。当然，我是绝对确定，百分之一千地确定。

---

* 类似微博的网络社交平台。——译者注

亲爱的读者朋友，这本书就是这样一步一步与你见面的。亲切无处不在，不分等级高低或者文化异同，亦不看出身如何。亲切并不是指能够成功举办一次备受称赞的朋友聚会，或者是研究怎么穿着显得更为讲究——尽管在这本书中我们也会一起探讨如何减轻譬如这类问题带给人的烦恼。亲切其实是指表现出真我，并且以真我对待他人；亲切的人会让身边的人觉得与之交往起来甚是舒服；亲切意味着以和善、热情对待生活，意味着镇定自若、处事不惊。

　　我希望你能和我一样，折服于这些优秀且亲切的人，希望你读完本书能获得一些真知，若是觉得没有受到什么大的启发，至少我希望这本书能给你带来些许快乐。更为重要的是，看完这本书，希望你能够辨别真、善、美与假、丑、恶，并且能够修炼自身，发现身边的好人好事。做到这些并非易事，但是只要人人朝着这个方向努力，周围的世界就会变得美好。

　　亲爱的读者朋友，如果你继续读下去，我会非常感激。相信你会在这本书中发现很多你非常钦佩的人士。

何为亲切

亲爱的读者朋友，欢迎来到第一章！由于说起"亲切"一词，人们会联想颇多，所以，为了能够对它达成共识，我决定从头说起。如果你愿意和我一起来开启这个探索旅程的话，那么欢迎跳上这列"想象的列车"*，我们出发吧！

"亲切"一词在英语中由来已久，它的源头是古梵文 gwreto，是"恩惠"的意思。从那时到现在，"亲切"这个词语经历了不少变化，也在全世界广为流传。在古希腊文化中，它与基督教神学中的"博爱"一起，用来形容集魅力、艺术以及美于一身的美惠三女神。

亲切可以见于任何事情——比如你的一言一行、一颦一笑，做任何事不仅要做到最好，而且要看起来毫不费力。根据希腊人的说法，"亲切"这个词语的意思还包括"觥筹交错之欢、载歌载舞之乐"，以及"生活中的乐事，聚会、装扮、休闲、娱乐，等等"。我

---

* 但愿这列想象之车设备高档、坐垫柔软舒适、灯光柔和，还有毛发柔软的缅因猫和哈巴狗，以及各类手工制品供旅客休闲娱乐。

敢保证，大家对于生活中少不了的这些乐事都持一致意见，聚会狂欢、休闲娱乐万岁！

"亲切"也蕴含着"感激""魅力""慈爱"和"满意"这类字眼的意思。

它是一个不失神圣色彩的阴性词，并不像许多过时的其他阴性词，只有浅显的字面意思。

"亲切"之所以意义丰富，能衍生出如此众多的词语，并且各国语言中都有其相关表达法，正说明了它是一个举世公认、难以一言以蔽之的概念。

所以，要解释清楚"亲切"，不妨从什么不是亲切说起，这样比较容易。

❀ 亲切与出生的时间、地点或家产这些因素一概无关。它不分民族，不分性别、社会阶级、地点、环境以及你能想出来的所有外在因素。亲切面前，人人平等，它并不是某些人的特殊权利。

❀ 亲切的人不是老好人。如果你印象中的亲切是指一个人的存在仅仅是扮演圣诞老人的角色，给予任何人想要的礼物，赶紧打住吧。在我看来，真正的亲切之人确实也会成人之美，给别人想要的东西，但是他们此举是以自己为主，在自己生活理念的指导下按照自己的意愿行事，帮助别人获得想要的东西只是产生的一种效果而已。

❀ 亲切并不像眼睛的颜色那样是与生俱来的，它是一种技能，既然是技能，就能修炼得来。乍一听，修炼亲切似乎难似登天，实则不是。它并不需要多么丰富的资源或者要耗费多大的精力，只要你心向往之，心必至之。

根据《韦氏字典》上面的解释，亲切是指为人谦逊和善、谨慎聪慧、温文尔雅、慷慨大方，有品位。

我不知道你是怎么想的，反正我每天都渴望成为上面说的那样的人。

我想成为这样的人：俗话称作"路见不平一声吼"——哪怕是对那些欺凌别人的人低声说一声"我真为你感到悲哀"，也表明了自己的立场：每个人都是有尊严的。我想在任何时候都游刃有余，不管是在一些社交场合还是大型聚会上发言；想要朋友满天下；想邀请朋友来家里做客，想盛情款待他们的同时又显得一切都不费吹灰之力；不管是和养猪场老板闲聊还是和出入上流社会的人士攀谈，都可以应对自如；想要让自己说出来的话掷地有声、观点得到大家认可，而不会引起无谓的争吵。

"一提起亲切，我首先想到的是为人和气、做事三思而后行、为他人着想，换句话说，就是善于站在别人的立场上，从不以自我为中心。"桃乐茜·布坎南·威尔逊女士[*]如是说，"亲切就是不论和谁共处，都能让对方有尊严感，时刻在想如何能让别人的生活多一

---

* 本书中采用其引言的所有人物都是大有来历的，但是贸然在这些意味深长的话语中穿插人物介绍有点不合适。因此翻到本书第120—121页，你会看到对此人更详细的描述。我保证你会很感兴趣，因为她真的是一位优秀的女性。

分光彩，而不是突出自己多么优秀。"

桃乐茜给人留下的印象非常美好。她说，在自己的一生中，一直努力做积极向上、待人和善、有上进心的有用之人。于是我脑中出现了这样一幅画面：在她身后以及她的所到之处，都散布着闪闪发光的细小宝石。接着，我就想到在别人眼里自己会留下一幅怎样的画面。我留下的东西或许有些许价值，或许不值一提，又或许非但不好还让人讨厌。我自己清楚答案了：肯定是三者都有，而且最后一种比重大且符合实际情况。

我平时会做出一些与亲切完全不沾边的事情，而且这种能力异常惊人。这里略举一例来说明吧，就在今天，我闺密跟我诉说了她令人心碎的分手过程，你猜我干了什么？我竟然在她诉苦的时候给她看一个毫不相关的优兔视频（YouTube）！现在想想，我为什么要那么做？！

人人都会说出一些后来自觉后悔的话，做一些令自己后悔的事——我们都在人生的道路上埋头匆匆前行，几乎不会关注当下的人和事——而身边的人本来应该得到彼此的关心。而当你和亲切人士相处的时候，你就会感觉到这种关心，你自己就会变得更聪慧、更友善，似乎整个人能力更强了。这就是亲切人士带给你和他们身边人的"礼物"，所以这就解释了为什么亲切是一个普天之下都苦苦追求的品格。

虽然在现实生活中能够发现一些亲切的痕迹，但是人们说话的时候似乎遗忘了要做到亲切，认为它已经不复存在了。

我经常听到别人说："我的天哪！现在的人怎么都这么没礼貌啊？"他们坐在被雨淋湿的窗户前，努力地回忆电影《南海天堂》

里面的人物是怎样亲切、优雅，就算那只是影视剧里的表演，而不是现实。

现在的年轻人（包括老年人）几乎日常就不讲礼貌，更不用提亲切了。用个比喻来说明一下，在他们看来，亲切与有礼貌似乎就像十分稀有的矿物质，话说最近发现那些稀有矿物质还是在1977年呢。或者换一种说法，做到有礼貌就像剥夺了他们的自由，让他们无法努力向上——既然说到这里了，那就顺便提一下，那时候我们也宽恕和忍受一些残暴行为、种族歧视、恐同症以及一些不可饶恕的恶行。（当然这些行为现在并没有完全消失，在日常生活中照样存在。至于面对这些如何处理，详见本书第三章——锻造亲切的艺术。）

亲切这门艺术现在正濒临绝境。当代社会，几乎人人都十分易怒，而且很容易先天下之乐而乐，以自己的利益为中心。和朋友闲聊时，人们总会滔滔不绝地谈论自己，而不怎么会细心聆听别人。做什么事情好像都缺乏高度集中的注意力，更不要说修炼亲切了。现在的生活节奏实在是太快了，人们对自己的言行举止以及身边事物的关注度也降低了。举个例子，除了日常工作，昨天还有50件其他的事情需要操心，于是人们很容易忽视同事或者人与人之间最基本的交往，只管埋头工作。

但是，要明白，亲切也像别的艺术一样，可以通过苦练习得。不管生活节奏多么快，我们照样可以练习，要相信你自己，从今天做起，从现在做起。至少你可以向亲切的方向努力。当然这也完全靠个人意愿，没有人强迫你这样做，但是，在我看来，这的确值得一练。

人人都想成为更亲切一点的人，我相信，包括正在读这本书的你。成为亲切的人会得到许多实实在在的好处，所以，何乐而不为呢？下面我就好处略举几例：

- 粗略地来看，人缘会变好：朋友会增多，会出入更多的社交场合，还有更多的受邀参加激光射击游戏或者划船的机会，等等。

- 自我感觉更加良好：睡眠质量提高，心情更加愉悦，焦躁情绪减少，更加看得开了。

- 善有善报，我告诉你，你一定会惊讶于自己受到的别人的回报与恩惠。比如：买东西时受到不错的服务，赠人玫瑰、手有余香的快乐，甚至有时候会因为便利店里一些免费赠品而开心许久。

- 还有一点好处，那就是对身边的低落情绪或者负能量有抵制、预防作用。就像对那些情绪有防水效果一样，就算潜入水中深达30米以下，浮出水面后，你照样会安然无恙。所以，照此说来，当别人没有按照你预想中的方式对待你时，你不会再因此觉得内心受伤，反而会嗤之一笑："不好意思，我根本不在乎！"

如果你同意我所说的，那么该从哪儿入手呢？

首先，你要知道，地球上的每一个人都是平等的，大家都是肉身凡人，并且要时时提醒自己记住这一点。

当然人人都明白这个浅显的道理，但是大家很容易忘记这一点，很容易让某种情绪占据自己的内心，把自己身心的不愉快发泄到身边的人身上，好像看待周围的一切都要从自己的利益出发。其实人人都是这样想这样做的。

我们好像生来就不觉得大家都是一样的，从来不会把人人平等这个概念刻在骨子里，更不会觉得这个概念就像重力这个自然存在一样普遍存在。

我在上大学的时候请教过天文学教授一个问题，问他会不会觉得人们在浩渺的宇宙中是多么渺小，世间万物又是如何生长的。有时候这门课令我焦虑万分，因为我一直担心，万一哪天太阳爆炸了，然后毁掉地球上的一切。我和教授交流过这个问题，希望从他那儿找到答案，获得一丝安慰。

教授说，他不觉得人在宇宙中是多么微不足道，也不会担心太阳哪天会爆炸，因为不管身在哪里，物理定律是不变的。（除非在某些特殊情况下，那会不一样。这个话题就到这儿吧，因为我虽然不确定那些特殊情况具体是指什么，但知道那一定与黑洞和夸克有关。）

谈了这些关于大学的回忆，我要强调的是，亲切的定律就像物理定律一样恒定不变。当然也会出现特殊情况，但是在这种特殊情况发生之前，亲切定律是一成不变的。亲切的定律之一就是认识到当下你身边的每一个人都和你自己一样是地球上的人类，大家都是平等的。

真正的优雅等同于最自由安逸的状态，意味着想如何被待，就如何待人。

——《礼仪便携手册大全》把这条黄金法则阐释得如此平淡而又意味深远。

如果你是一名待在园子里的孤零零的园丁，身边只有一只安静又忠实的刺猬，又或者你是一个独自行走、漂流世

莱斯利女士 &《礼仪便携手册大全》

在我构思着手写这本书的时候，并没有想到会引用这些已经绝版的精美的礼仪类书籍。我下载了17本电子版书籍，并且打印了其中我最喜欢的6本，有两本脱颖而出。

第一本是塞缪尔·R.威尔斯先生于1857年创作的——仅仅是书名就足以激起读者的阅读欲望，你准备好知道它是什么了吗？

《如何得体地举止：礼仪便携手册大全以及良好的个人习惯指南》

书中提及得体举止的阐述，人际关系、饮食、健身、个人习惯、穿着打扮、自我修养以及家庭行为方面的指导，称谓、接待、引见、拜访、晚宴、聚会、谈话、写信、婚庆、丧礼、教堂、旅途、公共场所、娱乐场所等礼仪。

关于爱情以及社交，内有翔实的案例分析。

第二本是莱斯利女士于1839年的著作：

《莱斯利谈礼仪：淑女修炼手册》

书中提及她们在交谈、穿着、举止、步入社会、购物、娱乐社交场所、旅途、餐桌、独处、结伴时或是在酒店的礼仪指导，和绅士的相处、唇部护理、面部护理、牙齿护理、双手和秀发护理，等等。

书中对于以下几方面有详细介绍和建议：

写信、接受礼物、不得体的言语、借东西、对待绅士、防身术、育儿、教堂礼仪、晚宴礼仪、如何处理一些易受感染的不良习惯，等等。

莱斯利女士是一位典型的简·奥斯汀式的女孩，笔锋犀利。要是生活在当代，她一定是一个备受追捧的网络作者。她的许多言论都非常值得借鉴，在本书中，我会大量引用莱斯利女士以及《礼仪便携手册大全》里面的话语。

我在前面提及的这些书很显然是写给富有的白种人看的，他们希望从这些书中学到让同类人对自己有好印象的办法。其中某些细节描写着实令人震惊，比如足足有12页是在讲述戴上和脱掉手套的确切时机。

但是，书中也有一些描写为人和善、充满激情以及带给他人舒适的地方，写得确实精彩。

实际上，读莱斯利女士的作品着实解气，因为在读的过程中，正要渐入佳境的时候，莱斯利就会这样向你投一枚炸弹：

永远不要问仆人家庭方面的问题，

或者是谈论关于家庭的话题，尤其是对奴隶来讲。

读到这儿，你就不会觉得以前的社会比当今差多少了。过去，奴隶也是需要一定的礼节束缚的。这本讲礼仪的书里专门提出奴隶和主人之间的礼仪规范，虽然当时奴隶似乎是一种私有财产。奴隶要对自己的主人毕恭毕敬，如果下人对主人不恭敬的话，他们的忠诚度就受到了质疑，这完全是旧社会不文明的表现，但是最起码也做到了讲究礼仪。女士们，先生们，19世纪其实离我们并不久远，当代社会并没有进步多少。

界的漫游者（若真是如此，那么祝你旅途愉快、一路平安！谢谢在你的旅途中选择带着这本书！），日常生活中都会碰到下面这些情况，那都是一些不如意的事情，在各项后面我会加上这种情况发生的频率：

* 你深爱且深信的人（包括配偶、朋友、同事、便利店售货员*）做出出格的事情，让你不开心：0.1%。

* 你全心全意爱的人确实让你失望了，但这是偶尔发生的：12.4%。

* 有时候与你合得来、有时候你对其冷淡的人让你失望：12.5%。

* 漠不关心的人，包括咖啡店里坐在另一桌的人、公路上走在前面的驾驶员或者一个在某些事上与你稍有共识的同事：78.7%。

* 不友好的人：6.2%**。

---

* 　发生在便利店的事还真有。

** 　虽然这个数据上升的空间很大，但是事实上确实至少有6.2%的人会在任何情况下表现出人性不好的一面。通常情况下，我们所认为的不友好就是指冷漠，那也就是说，这种人根本不会考虑其他人的存在，除非他人挡住了他的去路。

生活中，我们会遇到一些不甚友好的人，他们会侵犯我们的利益。但是他们无法和我们感同身受，也不会和我们分担忧愁或者同享欢乐。他们会想从我们身上得到点什么，他们或许仇恨我们，或许欣赏我们，他们有自己独特的来历，又或者另有所谋。

这都已经够可气的了，更可气的是，生活中我们几乎离不开这类人。我们不仅要依靠彼此，还要依靠这个巨大、无形、比想象中还要复杂的人际关系网。

举止得体和道德高尚是一个真理的两个不同方面，
都是建立在真理之上的，而且都是人类存在与人际关系的自然产物。
人人都在存在的基础上享有个人权利；
身处社会关系之中的人自然应该承担相应的责任。

——《礼仪便携手册大全》完美地道出了道德和礼仪的精华。

人们几乎时时刻刻都要依赖别人！我并没有开玩笑。仔细想想你的日常生活，包括最平淡无奇的时刻。比如，你想向图书管理员咨询一本书的具体位置，或许你并不想要这本书，但是你真正想要的书就在这本书附近，只是你不好意思让图书管理员知道你要找的是那本书。

在你询问图书管理员之前，下面的情况发生的概率可能是0.01%，也就是说，下面的情况有可能就是事实，虽然可能性极小。

1. 上面谈到的图书管理员在成为图书管理员的整个过程中，可

亲切的七大天敌

❖❖❖❖❖❖❖❖

生活中大多人、事、地方都是有存在的意义或者有一定用途的，虽然结果有时候并不立竿见影。就像我外婆常说的，就算有些人尽自己的最大努力做事还是很差劲，但是人家还是坚持尽力而为。

在绝大多数情况下，人们都会对友善报以友善。但是，在某些情况下不是这个样子。有时候，人们会说一些伤人的话或者做一些伤人的事。然后我们并不知道他们这样做的原因，当然也不需要知道。因为对别人的行为指指点点并不是亲切的表现（也不能起到作用），除非你是他们的监护人。

我们只能规范自己的行为举止，他人的行为举止是不可能随着我们的意愿而发生改变的，所以不要想着去改变他人。

对于别人的行为，人人都得做出回应，即使别人的举止不甚得体，但是我们可以按照自己的心意决定这次交流的效果。

这里我列举了亲切的七大天敌[*]，它们代表破坏亲切的行为或动机。在整本书里，你会经常看到它们的身影，我们不应该仅仅把它们看作不好的行为，而应当看作磨炼我们亲切品格的绝好机会。

在生活中，你肯定会在周围人的身上找到它们的影子，而且在你自己身上照样不能排除。

------

[*] 本来我想给它们起个压头韵的名字，比如《马虎的凯西》（这首英文诗歌里面，诗句都是压头韵，作者的意思是本想给七大天敌的名字也叫得押韵一点，像这首诗一样）。但是，最后一想，万一哪位读者朋友的名字也叫凯西呢，她会越读越生气，所以我放弃了。

以自我为中心

以自我为中心的人似乎考虑每件事情的时候都只看与自己的利益相关的那一部分，至于其他部分，他就不闻不问了。对身边的一切事情、情况都要看和自己的切身利益有多大的关联，这也是人们自恋情结的一种反映。

典型的以自我为中心者： 当你在哭诉令人心碎的分手过程时，他会打断你，一直讲自己的恋爱关系如何如何，说凯莉和自己是怎样的绝配，然后问你他们举办一个秋季婚礼如何。

事事好胜

事事都好胜的人总能把事情闹得越来越大，或许会表现为脾气暴躁，还有可能是打着关心别人的旗号，说一些伤人的话语，又或者是尖酸地对人对事说长论短。

典型的事事好胜者： 会在脸书上一个无关痛痒的话题底下挑起事端，而且要和不认识的网友争论个没完。

轻率

轻率的人说话做事不过大脑，总做出一些无意中伤害别人的事情。他们总觉得别人不会在意自己说的话或做的事。他们全都是有口无心，根本不会在意自己的言行。要是真的在意了，他们就会非常真挚、诚恳地道歉。这种人会经常给别人道歉。

典型的轻率者： 他们会很快地回复你他们会参加你的聚会，但是往往会在派对开始前的一个小时打电话告诉你他们心情不好，不能带着原本答应好的自制点心来参加了。

粗鄙

粗鄙的人会故意说一些不合时宜的话，弄得人人心里不舒服。他们的行为可以划分为不同的程度，从轻度（在不恰当的场合说一些下流的话）到道德败坏的地步（利用权势压榨别人，或者有意恐吓别人）。有时候，他们也是无意间做出这些事情的，但是故意做出这些事就是最可恨的。

典型的粗鄙者： 会觉得黄色笑话很有意思，而且认为那只是为这类黄段子添料而已。

爱管闲事

爱管闲事的人总是觉得别人应该做这个、应该做那个，老是觉得别人这个做得不对、那个做得不对。这些人也爱把自己的意见加进去，搬弄是非，就算他们的意见会伤及他人。和轻率者不一样，爱管闲事者是有意干涉别人的事情，而轻率者是完全无意识而为的。

典型的爱管闲事者： 会擅自干涉别人的感情生活，而且意在破坏，同时他们还要说这段感情是大家都不看好的。

心怀怨愤

心怀过去的痛苦与受到的辱没，以及惧怕还未到来的苦痛都形成了一个由怨愤做成的镜片，透过它看到的世界也是充满怨愤的。心怀怨愤的人认为幸福就是一场零和游戏，他人的幸福就意味着自己的不幸福。攀比就是偷走快乐的贼，心怀怨愤的人永远在和他人进行无休止的攀比。

典型的心怀怨愤者： 在你兴奋地告诉他们自己终于找到了梦寐以求的工作时，他们会冷笑一下，说："好啊。你真的是太棒了。恭喜你！你的事情都顺风顺水，真的是太棒了。"

拐弯抹角

老天才会知道这些人说的话到

底是什么意思。生活本身就是谜一样的复杂，而那些说话做事拐弯抹角的人不停地使本就复杂的生活变得更加复杂，而且显得其他人很像白痴。

典型的拐弯抹角者： 对别人的

问题答非所问，别人问好的时候，他们往往扯出其他一些毫不相关的东西来。

读到这里，你是否觉得上面的描述有那么一两点刚好击中自己的要害？当然会击中的。实际上，每个人或多或少地有上面提到的一些毛病，我敢保证，每天我都会在一定程度上犯上面提到的毛病。

我们都是肉包骨头、行走在这个地球上的人类，人无完人，而且我们都在努力做最好的自己。所以，如果你还没有成功修得亲切的艺术，完全不要紧。应该停下脚步，自省一番，然后三思而后行——一个不错的办法就是从日常最简单的事情做起，在脑子里列一个清单，问问自己是否愤怒、是否上进、是否孤独、是否疲倦，等等。

如果你遇到了让你抓狂的人，那么，请你静静地想一想，人们都会在看到被别人以牙还牙的时候最为恼怒。

能要通过近乎十年寒窗苦读，拿到语言、文学或者图书馆学学士学位之后，再攻读硕士学位。他要依赖几千年来人类智慧的结晶、十几位此领域教授的研究成果、杜威十进制分类系统才会成为管理员来帮你解答问题。当然，这个管理员本身也是人类的结晶，也是人类的一员。

2. 还可能是这样的：图书管理员一听你要找的是这本书，想了一想，然后说道："哦！好像我们之前是有这本书的！不知为何现在没有了。"于是就新增了这本书。

3. 或许还有这种情况（不好意思，有点倒胃口的事一直都与图书管理员有关！一个又一个的全是图书管理员）：他会撕下一张字条，把你想找的那本书的编号写上去，你会拿着那张字条走在图书馆的地毯上（这是别人装修的），走到电脑跟前（也是别人安装的电脑），和图书馆里资质最老的管理员交流，而那个资质最老的管理员以前也是利用一切可以利用的人际关系才当上管理员的。

（此处为空间需要而编写：和某些自然现象完全不一样，比如龙卷风的突然袭击，这样的猜想可以无限地进行下去。内燃机的生产、近海石油价格的操纵以及高尔夫球杆质量的优劣，等等，只要你仔细地想想，身边的每一个人，包括公共汽车上遇见的人，他们都有各自的原因而成为现在的状态。确切地说，我所举的例子并不只局限于图书管理员，实际上是指所有人。）

讲了上面的几种情况，实际上是想让大家思考一下，你周围的每一个事物、每一份便利条件都是别人付出努力才成为现实的。请你仔细想一想图书馆里所有的设施以及它们的维护都离不开人们的付出（通往图书馆的道路也是人们修建的），想一想你日常生活中所需要的食物、住宿、交通、电力以及其他生活必需品都是怎么来的。要成为一个亲切的人和成为一个懂得感恩的人十分相似，就意味着要对生活中的每一份便利，包括能让你很方便地买到书、商品以及需要的一些服务，都要产生感激之情。如果你每天都花一点点时间想一想，生活因为别人的付出而变得更加舒心、便利，你就会发现自己幸福很多。

每天我们都会和身边的人交流很多次。在漫长的一生中，与他人交流的时间占了很大一部分，不如这样来说，与他人的交流在很大程度上构成了我们的生活，至少对芸芸众生来说的确如此。其实每时每刻，我们都可以决定自己要成为什么样的人，或者说，我们都在以自己的一言一行给这个世界增加一份色彩。

亲爱的读者朋友，希望你把这些与他人交流的美好时刻珍藏于心，并且能够时时付诸实践：虽然与他人的交流在你整个生命过程中非常短暂，但是你遇见的每个人都是你人生中珍贵的一部分。*不友好待人不只是对他人不敬，也是对我们生活的整个环境不敬不爱。在这个大环境里，我们或多或少都要依赖彼此。如果不能对他人做到亲切友好，那么这种行为非但辱没了自己，而且辱没了

> 良好的言行举止并不是华美服饰上的装饰品，可以随装随卸。礼貌待人也是日常穿衣的必需品。如果你只是在特定场合礼貌一下，到时候出丑的肯定是你。
>
> ——《礼仪便携手册大全》中的"谈坚持"。

---

* 这句话是本书中唯一不容置疑的事实。之后，全书所讲都是一种观点、推测以及论辩。

所有人，没有人想被别人不善地对待。

众所周知，我们生活的整个宇宙其实并不安宁。打个比方，宇宙就像聚会过后我家的洗碗池那样乱成一团。但是，不管这个世界多么混乱，身处其中的我们如果深知什么是依靠自己的力量可以做出改变的、什么是不能被改变的话，那么我们内心自然就会得到宁静。

回到之前那个故事，我们对图书馆有没有那本自己想找的书无从知晓，也不知道当时图书管理员的心情如何，或许他刚刚经历了一段不愉快的婚姻，又或者是得到消息说十七分钟后龙卷风就会袭击这个图书馆，造成了他对待顾客的态度或好或坏。但是我们完全可以决定在整个交流过程中自己的态度，无论在何种情况下，我们完全可以做到这一点。

如果明白了这一点，做到待人亲切就不是一件困难的事情了。每当你遇见一件事或一个人，你都会本着自己原本的原则处事为人，从来不会对他人抱有任何不切实际的期望，因而得到的任何反馈或者回报在你看来都是可以接受的。如果你可以时不时地控制自己的负面情绪，做个深呼吸，想想自己当下应该做的事情，然后着手去做，那么恭喜你，你已经迈上了通往为人亲切的道路。

成为一个亲切的人其实就是给本不舒适与安逸的世界带来安逸与舒适，而且你也是在自己最舒服的状态下做到这些的。

我想，读到这里的人肯定想说："确实很有道理，我也可以做到这样吗？简直是站着说话不腰疼。在这个物欲横流的社会发掘自己内心的大慈大悲，对一切都表示非常满意也不是一件容易的事啊。本章结束之前，你还想鼓励我做什么难以胜任的事情吗？尽管

要有"我们"的集体思维

我曾经在婚礼现场听到这样的话:思考问题的时候,应该以"我们"为出发点,如果不再以"我们"为出发点做事,那么这段婚姻也就破裂了,你走你的阳关道,我过我的独木桥,从此一别两宽。

"我们"这种思维框架会把双方看作一个集体,就算双方的利益是不一致的,甚至有所冲突,但是这种思维框架会让双方共同思考一个问题——如何共同进步?

试着在生活中用"我们"这种思维方式来经营每一份关系,不管这层关系多么简单。无论是你和你的另一半还是你和租车公司老板,都试着用这种思维方式来考虑问题。不管这段关系多么短暂,请你试试。

想一想,从你自身来看,在你和租车公司老板的这段关系里,需要做什么才会促成"我们"的关系向前发展,才能让你顺利租到车,也能让老板出色地完成自己的工作呢?

这就需要双方都做到亲切:跳出整个场景,从一个旁观者的角度来看,你要做到既不是想要取悦对方,不想给对方留下差印象的那个人,也不是当下只想得到自己想要的东西的那个人,才会促使整个关系顺利发展。

在今后的每一分钟、每一个月甚至每一年里,"你"和"非你"(也就是说不以自己为中心)都要成为一个团队,以这个团队的利益为出发点做事做人就对了。

说出来。"做到亲切确实不容易，我不怨你有这么多的抱怨。

锻炼自己尊重别人的利益。不论是在何种情况下——不论是在家里还是步入社会，都应该这样。

——《礼仪便携手册大全》中的"待父母"。

我在这里举个例子来说明吧。假如你对焊接这门技术一无所知，即使你不会焊接这门技术，心里也不会难过。成为一个亲切的人也是这个道理，所以，不必为还没有成功而难过。请你想象自己是一名学焊接技术的学徒，即将步入焊接这个神奇的技术殿堂，马上你就会把一片又一片的铁片焊接到一块儿了，不同的一点是，你焊接的并不是铁片，而是友谊、爱以及友善这些美好的品质。所以，做一个日常和他人交往、建立友谊以及坦诚相待的"焊接工"吧。

接下来，你就会读到如何面对生活中某些人的恶意以及交往陷阱、如何成为交际艺术大师以及如何在各种社交场合游刃有余。人们常常把这些技巧称作"软技巧"，这种说法太局限了，完全忽视了这门艺术的神奇力量。我们不如暂且称其为"傲娇小技巧"吧。

以我的一位朋友——混血儿诺拉——为例吧。她是那种很容易引起别人"嫉妒"的人，因为她长得特别漂亮，简直就像一位迪士尼公主：一头飘逸的金色长发，浑身散发着仙女般的气质，脸上永远挂着灿烂的笑容。在交谈中，诺拉会经常开心地惊叫道："我简直不敢相信呢！"说这句口头禅时，她会露出更灿烂的笑容，嘴巴微张，头因惊奇而微微摇晃着。下面简单列举几件会令诺拉惊叫的事情：

- 自制的太妃糖可以吃。

- 神奇的气泡苏打水。

- 我用在两元店买的一些小饰品做成的花环，因为她觉得做得太好了，像专业人士做成的。

- 我和她竟然都喜欢同一道好吃的菜。

- 我要去洛杉矶待几天。

也许你会觉得诺拉很矫情，要是你这样认为的话，我保证你是大错特错了（而且我会给你一耳光，我是认真的，虽然我知道打人耳光十分野蛮，尤其是在我们现在这个文明社会，而且我因为诺拉而动手一定会让她再次惊叫的）。

其实诺拉是一个非常热心、为他人着想的人。她会邀请你一起吃"小零食"——虽然只是一点点糖果甜点之类的东西。

诺拉的乐观来自她自身的人性美和对他人的关心。她会为别人而切切实实地开心。当她和你促膝而谈的时候，她会渴望聆听你的人生。对诺拉来说，世上没有比别人的生活更有趣的了。实际上，在她看来，整天只为自己操心而不关注他人是极其无聊的。

"如果一个人只想着自己，那么他肯定是个很无趣的人，"她告诉我，"想想自己认识多少人——几百？几千？关注成百上千个人的生活明显比只考虑自己一个人有趣多了啊。"

诺拉对待周围的人和事，总是保持积极的心态和坚定的信念。因而，她会因自己的所见所闻而开心。在诺拉的人生版图中，永远不会存在对自己或者他人的指责，而是充满无限的可能。她不会花费时间担心别人会怎么看待自己，相反，她会把时间用在做一些别人羡慕、钦佩的事情上。

> 人人都享有权利，其中之一就是将说话不得体的人驱逐出交际圈。你口出污言秽语是你的权利，别人反对你这样做也是别人的权利。
>
> ——《礼仪便携手册大全》中提到为何开黄色玩笑还可以受到宪法保护而不被惩治。

弗吉尼亚·普洛斯基*——另一位女性之星。在后面的章节里，你会经常看到她的名字，她也是亲切女性的模范。

她说："最重要的事是自己能够给这个世界奉献些什么。但如今，人们似乎都在忙忙碌碌，看谁最忙就认为谁最成功。人们就像一辆辆碰碰车似的，你碰我，我碰你，而且似乎碰上了一点都不会受伤。

"世界上最珍贵的就是每天和你见面的人啊。他们才是你最珍贵的礼物。房子、工作、才智甚至美貌都没有你身边的人珍贵。

"我们经常忽略身边的人而匆匆去忙工作，是因为这个世界逼着我们不得不这样，但这样的话，我们就很容易和最贵重的东西擦肩而过。人们已经失去了自我，变得不是原本的自己了。

---

* 弗吉尼亚是一位园林设计师，在她的主持下，在新奥尔良城种了许多漂亮的植物。她是看着我长大的，因为她的大儿子汤森德和我同岁。

亲切之理论

——犹太教士拉米·M.夏皮罗

亲爱的读者朋友，采访这些大人物有一点不好的地方，那就是，当你再次翻阅他们所说的话时，发现自己会把所有话都标出来以示其非常重要（因为他们说的话都是真理，所以得把每一句都标记出来）。还有，在你重读他们的著作，想把那些非常精彩的段落摘抄到一起的时候，会发现那些精彩之处在那一特定的书页里真的再合适不过了。所以，下面你将要看到的就是夏皮罗先生的名言——亲切的理论的第一小部分。我之所以把人物的言论穿插在书里，就是想让他们自己给读者讲出那些真理。有些地方是为了排版空间，有些地方是因为其简洁而引用。

犹太教士拉米·M.夏皮罗是犹太寺庙Temple Beth Or的创始人之一，位于洛杉矶的犹太教组织Metivta的资深教士。夏皮罗先生创作了许多获奖的诗篇，还有三十多本有名的著作。其中包括《亲切之人的奇妙之处：做一个充满亲切感的犹太人》。

我和夏皮罗先生在他迈阿密的办公室里交谈过，当我问到他自己的一套关于亲切的理论时，他是这样回答的：

"亲切"一词在希伯来语中原本是写作chen的。亲切就是对生活充满激情或对他人充满爱心，或者两者结合起来。

如果你认为上帝本就存在，那么人人生来就具备亲切这种品性。这就是事实，却并不总是受到大家欢迎。

如果你陷入犹豫不决，那么你内心就会有两种声音："我喜欢这个；我不喜欢那个。"我觉得那是由于身心的紧张而引起的心智混乱，这时候你就会觉得没有能力解决任何事情。

如果别人说了一些不好听的话，那么我就会这样想：他也是迫不得已这样说的，大家都是身不由己。我与他人的交往在某种程度上也是冥冥中注定的，不受任何人控制。别人说了难听的话，那也是因为他被迫那样说而已，不受他自己的控制。他们并不是有意要那样做的。在我看来，大家所做的事情大多都只是命中注定的结果，不是出于他们自己的意愿。

这就使我自然地认为每一个人都是自己世界观中的囚犯，当你明白这一点的时候，在他人发出那种言论、做出那种事情时自然而然就会宽容待之。虽然我可以同情被困人的处境，但是我没有必要和他们纠缠不清，争吵半天，我也没有必要必须成为他们的朋友甚至他们的配偶。

我从来都不会对生活抱有不满、认为生活有瑕疵，我只是单纯地觉得生活本来就是如此。有自己喜欢的东西，自然也会有自己不喜欢的东西。

从犹太教徒的角度来看，世界本就是如此，没有什么应该或不应该。生活中本来就有善有恶，就像有昼夜一样自然，人生也是如此，本就有顺境，也有逆境。

每一刻就是生活赐予你的最好的礼物，有时候很美好，有时候也会很悲惨。

发生在我们身边的每一件事都是上天安排好的，只是我们自己把一些事情标榜为好事，把另一些看作坏事。但是，我们应该无条件地接受命运安排给我们的一切，我把这种做法叫作"接纳"。

接纳意味着毫无抵抗地接受一切思想、情感和言行举止，对身边发生的一切都无条件地接受。

当你能够做到接纳的时候，就会发现，面前的一切难题，你都能优雅地解决掉。

"一个人能力的大小在于他能否让自己的人生更有意义、能否做到充满激情与爱。所以，如果你碰到任何不顺心的事情或者不喜欢的人就避开而不是面对，那么你就失去了使自己人生充满意义的机会。

　　"好笑的是，每个人都需要同样一种东西，那就是我们都需要得到他人的认可与聆听。"

　　弗吉尼亚和诺拉都点明了亲切的根本要素：对他人要怀有感激，要关注以及关爱他人。

　　"一旦你开始敬重身边的人并且珍惜和他们共度的时光，你就会成为一个亲切的人。"弗吉尼亚如是说。

第二章

网络时代的亲切*

我开始写这本书的时候，一直在为手机、电脑这类电子产品在人们生活中产生的负面影响感到惋惜不已，它们改变了我们认识自己、认识世界的方式。因此，我首先想要谈及的话题自然就是我们应该如何对待这些电子产品，以及应该怎样让它们为我们服务。

我建议你找个能坐下来的地方，因为之后我要说的内容可能会使你大吃一惊，有可能伤及身心，需要长时间地进行身体和心灵的复原。互联网是不会消失的，它会在人类生活中永远存在（除非地球发生什么大灾难）。

互联网给人们提供了一个全新的视角来看待人与人之间的关系，虽说有好有坏，但总体来说坏的部分占上风。它改变了人们处理人际关系的方式，改变了人们联系的距离，同样也改变了人们交往的缘由，从而让人们意识到彼此之间的关系可以好到或者

---

* 原英文标题是模仿 Virtually Reality（虚拟现实）起的 Virtually Gracio.us，并且在"亲切"这个单词中间加了网站域名里面包含的那个点，表示网络时代。——译者注

差到何种程度。

互联网在人类生活中大显其身手，它的触角几乎伸到了人类生活的方方面面（甚至国家领导人的选举也需要用互联网）。让我们反观一下自己：对于一封手写的来信，我们没有时间回复，但是在紧急时刻对于网上的一篇长篇大论的评论，我们可以十分钟搞定；八年前偶然结交的朋友过生日，我们不通过网络发段生日贺词就觉得心里过不去，但是，对于知己，我们却抽不出时间来与之好好聚聚，只是通过看他们在网络上的动态才感觉他们还在身边。

无论什么时候，我们都把手机这个神奇的物件带在身边，一刻也不放下。因为它能够时时告诉我们别人说了什么、怎么想的或者别人都干了些什么。这样一个智能的设备，能够提供即时信息，谁不喜欢呢？但是智能手机是把双刃剑，它是福，同时也是祸，更有甚者它影响了我们的性格，人人似乎都因它而变得没有以前温文尔雅了。

亲切就是关注他人、待人友善，有同理心，按照自己的价值观行事。如此说来，互联网不具备这些东西。互联网简直就像一个淘气得大喊大闹的孩子，但是我们都不讨厌他，反而需要他。自从互联网出现到现在才二三十年，但是它已经成为现在日常生活的必需品。我们无法想象没有互联网的日子，那样简直太痛苦了。

互联网有求必应，随叫随到。我们可以借助它来导航，去我们想去的任何地方，如果我们走错路了，它也会及时提醒。总的来说，人们对互联网已经上瘾，要戒除这个瘾得慢慢来。

或者这样说，我们可以尽量减少在互联网上花费的时间。这包括但不限于沉溺于在网上和陌生人对无关紧要的话题做无谓的争辩，你和他们根本不认识，谈何了解与交流呢？还有，也不要浪费时间在网络上"炫耀"自己的生活，发一些不符合实际的动态。

当今时代，我们可以与互联网随时在一起，因为手机也是互联网的一部分，我们从不让手机离包！手机对于我们来说，比最好的朋友、我们天天要用的牙刷还要亲密，甚至比我们的宠物狗还要亲密。为了防止手机磨损，我们给它套上可爱的手机壳；为了网络状况良好，我们在没网的地方给彼此开热点；为了随时保持手机电量满满，我们配置了车载手机充电器。我们天天手机不离手，手机也随时有消息等我们看。

"快看看！"手机似乎在用它那尖锐又渴望的声音喊，"你看，有人在网上发表种族歧视性的文字！又有坏消息了！哦，快看！你高中时候的死对头，你已经在脸书上标记为不喜欢的那个人，发了个帖子——她和她丈夫去罗马度假了呢。喂！看看这个！你上七年级的时候欺负你的那个小子又发动态了！还记得他叫什么吗？哦，对！马里奥。他真是太坏了，当时在体育课上，他故意拿排球砸你的脸。费希尔教练当时还常常夸他跑得快呢。他现在过得怎么样？你过得怎么样？我不是寒暄，是真的问大家认为你现在过得如何。也许你现在应该花四十五分钟把家里的阳台一角收拾得有花有草，再花十五分钟琢磨一下用词，给阳台拍个照，配上一些精心琢磨的文字，然后发条动态，让大家觉得你现在过得非常惬意。也让你的前任看到你的这条动态，看看大家都在关注你的生活。哦，太好了！有人点赞了！又来一个赞，7个了，8个了，9个了！为什么还没到15个？"

> 搬弄是非者往往是"有心人"，因为说者无意，听者有心。
>
> 而一些匿名信件经常出自他们之手，就凭这一点，
>
> 就不应该把他们纳入社会系统。

——看来莱斯利女士也看不惯搬弄是非者。

我并不是故意摆出一副消极态度，我承认互联网是一个非常神奇、非常有用的工具，它大大地改变了人类生活的方方面面。互联网使有些孤僻、在生活中交友不广的人在网上找到了自己的一片天地。互联网促成了许多真挚的友谊以及美好的婚姻。它打破了一些名人，如音乐家、艺术家以及作者和普通人的界限，让普通人也能自由地在网上和那些名人交流，互联网能够让人们随时获取自己想要了解的任何知识。这确实是一大功劳，可以和人类登上月球媲美。

万事都有利有弊，互联网同样也存在弊端。

每个人多少都会触碰到互联网带来的弊端。从我个人来看，当我在报社里面做记者的时候，我必须面临网上无数的评论。

问题简直是太多了！比如：

那些人都是谁啊？

大家为什么会花费宝贵的时间对一些已经逝世的人的言论大加批判呢？

对一个年仅22岁死于车祸的年轻人，大家为什么非得在网上争辩说是这个年轻人该负责任呢？

非法移民为什么又和动漫《英雄猫鲍勃》扯到一起了？

这一大堆的问题接连折磨我，直到我变得麻木。经常有人发评

论，说我就算是被枪毙也比作为记者多写一个字的报告强。不管我写什么栏目，总有人对我表示不满，在网上大批特批。

我甚至神经质地观察身边的人，觉得他们也会对我大加批评。在咖啡店，我会盯着前面桌子旁那位漂亮的女士，心想，在她动人的外表下是否酝酿着一些不可告人的秘密；是否在她的脑袋里藏着一瓶"硫酸"，一旦时机成熟，她就会泼洒出来，在网上对大家尖酸刻薄地辱没一番。

下面我对上面提到的几个问题列出的自己的回答，供大家评说：

1. 无所谓，别人愤怒，就让他们愤怒去吧，反正不关我的事。

2. 因为他们像我们所有人一样，害怕死亡，并且知道它可能发生在他们或他们所爱的人身上，如果能够弄清楚这种完全不合理的事情发生的原因，他们就会责怪受害者并将恐惧转化为蔑视，因为比起恐惧，这是一种更容易感受到的情绪。

3. 因为大多数人对于自身发生的意外都十分恐惧，当他们明白生活就是如此复杂，并不按照自己的意愿发生的时候，比起束手无策，发出愤怒不是简单多了吗？和上面第二点同理。

4. 没什么关系。但是当你感觉自己情况不妙的时候，别人听不听你的诉说已经无所谓了，你肯定只管自己大喊大叫。我们都需要得到别人的认可，都渴望存在感。如果得不到这种感觉，我们就会在网上随意发表言论来刷存在感，就像在自己婚恋状况不乐观的时候，在餐厅里，你也不会给服务员好脸色。

互联网之于人类的各种思想、欲望、理智、智慧以及爱恨情仇，恰似水之于船。水可载舟，亦可覆舟。我想说的是，而且我要说的比本书开篇说的那些更重要——对于互联网，你必须掌握主动权，想清楚自己到底需要什么，给自己制定一些界限，千万不要沉溺于互联网，跌入互联网的深渊而不能自拔。

如何在网络交流上做到亲切

原则 1： **每当你打开电脑，先想一想你真正想要从互联网上得到的是什么。**

实际上，每个人都是这世间一个完整而又独立的个体，有权自己决定从这世上得到些什么，也有权决定自己带给这个世界什么。你可以一醒来就在互联网上和别人互动，过一种和没有互联网完全不一样的不可思议的生活，充满令人惊奇的人、事、团体，除此之外，别无其他；你也可以整天在网上看一些素不相识的人发出的恶意言论，越来越不安，或者是看一些你无法制止的社会黑暗面来折磨自己；你也可以把时间花费在一封诽谤他人的电子邮件上，思考怎样写会更出色；当然你也可以撰写一部小说，说不定日后会风靡美国。所以，要通过互联网做什么，完全取决于你自己。

原则 2： **一言既出，就无法再变。因此，说出的话要靠得住！**

平时应该按照"无话可说就沉默是金"的原则。互联网是一个人人各抒己见的公共平台，所以人人都有权利在网上自由发表言论。但是这不同于你和朋友面对面交谈那样，说的话过去了就过去了，一旦你在网上发表过言论，它就永远不会被抹去。就算你已经删除了自己发过的某些言论，你并不知道互联网后台缓存照样会遗留你的痕迹，也不知道是否有人在你删除之前保存过截屏。在网上发表过的东西会永久存在。所以，千万不要一气之下就在网上发表一些不好的言论，可能时间一久，你自己已经不再愤怒，对以前的事情已经无所谓了，但你说的话还是在网上存在着，等待时机给你一击（我的意思是，你永远不知道以前说过的话或者做过的事会反过来带给你更多的困扰）。

低劣粗俗的人经常血口喷人，

往往也会匿名写一些辱没他人的信件。

————

——莱斯利女士谈为何不要在意别人对你的评价。

原则 3: 不要在意那些无稽之谈

不知道为什么，对于同一件事情，人们在现实生活中的在意程度与在互联网上的往往不一样。举个例子，如果现实生活中有人走近我，说有人想要谋害我，那么我肯定会礼貌地点点头，边跑边从包里掏出防身武器准备进行正当防卫，我并不是针对告诉我消息的人。同样的道理，我也不会参加3K党的会议去听他们要密谋什么。所以，没有必要为那些你素不相识的人说出的某些话而感到愤怒或者夜不能寐，也没有必要和那些你明知道和你唱反调的人争个高下。要保证自己不受伤害，对于互联网上的一些言论，你应该戴上滤镜去看待。

原则 4： **照样子做事** *

有史以来，人类就是群居动物，用餐都是在一起的，所以我们拥有完备的餐桌礼仪。相比之下，自互联网普及以来，我们通过互联网进行交流的时间才十几年时间。如果网上交流是一个人的话，那他肯定已经无数次地摔门而去，向他妈妈诉苦说她很差劲。另一方面，互联网礼仪也在不断地发展。所以，只要你用心，你就会学到一些东西的。

原则 5： **做网络的主人**

你可以选择做一个一天24小时都在线的人，也可以做一个完全不接触互联网的人。不论你使用互联网的频率是高还是低，你都要掌握控制权，千万不要被互联网牵着鼻子走。

只要你遵守这些原则，一定会在使用互联网的时候占据主动地位，成为自己想要成为的网民。在自己的网络世界里学习、成长、交流，甚至做自己想做的任何事情，就像那些高端幼儿园向孩子父母保证的那样。

---

* 这来源于一个典故，大意是说，当你去别人家里做客，在晚宴上不知道应该做什么（比如，可以开始吃饭了吗？应该用哪个叉子？）时，你就应该先看看女主人是怎么做的。当她拿起叉子的时候，你也照着做就好了。

将以上原则用于实践的有趣操作

在接下来的一天里，每当你接触互联网（不管是查看电子邮箱还是阅读心灵鸡汤），先停一下，问问你自己，为什么要使用互联网？使用互联网到底是要干什么？为什么要打开这个软件？为什么要发这张图片？为什么要打开那个网站？读这些文字是想陶冶情操，还是只是想在网上寻找一些和自己当时愤怒或恐惧的心情相配的文字以得到共鸣？我们的时间很容易就这样白白浪费在互联网上，所以，利用这一天好好思考一下，到底是因为什么而让你在互联网上花费大量时间。是好奇心吗？是因为寂寞吗？或者是因为无聊？是因为觉得百无聊赖去网上优哉游哉吗？搞清楚上网原因很重要。

只要明白了自己的上网动机，那么在控制自己的上网行为方面就会容易许多，也就是说，你会明白自己要在网上看什么、写什么了。

亲切的七大天敌具体案例：

事事好胜者

最近有两人评论了这条帖子。

我的帖子：

刚刚看了@总统选举的现场直播！还和她合了影！

点赞　　评论　　转发

好友： 哇！真棒！我也想看！

点赞　　回复　　1小时前

事事好胜者： 啥？？？？　@你和你的好友，你们俩是傻×吗？还是被人洗脑了？　@总统选举的目的就是毁掉我们的国家！想当总统的人只有一个目的：破坏美国！@你的另一个好友（可能好胜者并不认识），你还是别干你那份工作了吧，看本书好好学学吧。

点赞　　回复　　1小时前

我的回复： @事事好胜者，我知道你不觉得总统选举很好，也不在乎这个选举。我们还是各自保留自己的意见为好。还有，我这里不欢迎不文明的话语，所以，我告诉你，我要把你刚刚发的那条评论删了，请不要再攻击别人了。

亲切的七大天敌具体案例：

心怀怨愤者

我：

【图片】

　　这次假期旅游真的太棒了！我会想念这些漂亮的棕榈树哒。但是我得离开了，回到我原来的生活……还有，要照顾我的狗狗。

心怀怨愤者： 哇哦，不错哟！我永远都看不到这么美的风景，太可悲了。我也想去旅游，可是路费昂贵，我也没有伴儿……

我： @心怀怨愤者 我也衷心希望你可以去玩一玩！ *

---

* 　如果你真的喜欢，那就和心怀怨愤者去一个离家近的地方冒险吧，这样便宜点。如果你不愿意这样做，那就不要主动提出。

亲切的七大天敌具体案例：

轻率者

发件人：我

收件人：轻率者

主题：简短一问：下午2:00之前我们必须得到批准。

时间：上午10:32。（你知道，在忙乱的周一，有事最好尽早告诉别人，不要拖到下午，那就太迟了。）

您好！

祝您周一一切顺利！想请您看看珍珠独角兽这个项目是否可以做。没有您的同意，我们这个重要工作项目进行不下去，上周我们一起讨论过这个项目。

我们小组需要您尽快予以回复，才能继续下面的工作。

期待您尽快回复！

我

轻率者：

（电脑喇叭刚才不起作用了，您也知道大家都在办公室，您也知道大家都在忙着回邮件。一个小时之后，才可以有时间和别人沟通……）

发件人：我

收件人：轻率者

主题：最新回复：急需您的回复！希望在下午2:00之前得到批准！

时间：下午1:30

您好！

　　可能上午我发给您的邮件跑到了外太空（或者是您不小心放到垃圾桶了）。我急需得到您的回复，但是因为时间问题，您迟迟没有回复，我就擅自同意珍珠独角兽的项目了。要是您在下午两点之前看到我的这封邮件，而且也同意做这个项目，请您告知我。

　　祝好！

我

亲切的七大天敌具体案例:

以自我为中心者

在这么多照片中,我一张也选不出来,不知道要发哪张,因为一旦发到网上,谁知道会传到哪儿。有的人发的照片上,他很好看而你正在打喷嚏;也有人说是因为纳尔逊·曼德拉的去世影响了他们的南非假期。唯一的办法就是照片上没有自己。这世界上有不少人做的决定让你觉得不可思议,或者别人在看你的个人主页上的照片的时候,也觉得你照得不好看啊。

粗鄙者

@粗鄙者: 那对胸不错哟! @我 你应该少说话,多拍点靓照,因为没人听你说话。附言:你长得真是难看。

我:(毫不犹豫地屏蔽掉他。你肯定不会和这种人聊天吧。)

亲切的七大天敌具体案例:

拐弯抹角者

（下面是一个推特页面。）

最近有两人评价了这条帖子。

拐弯抹角者： 嘿！我的好朋友们，我刚刚和那个婊子分手了。我现在非常需要你们*。我想，你们可不可以和我一起在五金店门口蹲点，只是静默抗议，晚上也得守着。因为那里是我和她初遇的地方，我要让大家看到，然后就不会有人再和她在一起了，她也就不会再祸害其他人了。我相信你们三个！你们一直以来都是和我同甘共苦的好兄弟。爱你们！@某人（你不认识）@某人（你认识但是对他没有好感）@你 附言：不和胖妞或墨西哥人交朋友。

点赞　　评论　　转发

我： 我很难过，你受到了伤害。@拐弯抹角者 我明天去不了了，但是我会想着你的。你要保重！

点赞　　回复　　1小时前

---

* 你并不是他的好朋友，你们只是这种关系：比如，他给你打来电话，你会震惊半天到底是谁去世了，他来向你报丧，要不是以前场合需要，你才不会和他搭话呢。

亲切的七大天敌具体案例：

爱管闲事者

（下面是一个短信往来的页面。）

爱管闲事者： 我的天哪！你和某某（一个共同好友）最近联系了没？她都快要疯了。她常常喝得烂醉，满口胡言乱语。或许她最近需要什么帮助？我也不知道为什么，周六的时候，她一直滔滔不绝，说你说个没完。她说你如何临时改变主意，然后她在酒吧里的高脚凳上摔了下来，头发里全是酒吧地上肮脏的不明物。（我只是跟你说一声，你好准备和她解释清楚。因为我卡在你们俩中间也很难做！）

我： 天哪！听到她这样我也不好受。我给她打个电话吧。

爱管闲事者： 好的。那我给她打个电话告诉她你要给她打电话。还有，你打完电话，告诉我你们都说了什么。爱你！一会儿吃饭吗？

我： 哦，不必了。我这就打电话，爱你。

爱管闲事者： 你说，她到底怎么了？她都分手一个月了，还是走不出来吗？还有……（差不多又说了几大段她认为的分手的姑娘是怎么想的，而且振振有词。）

我： 嗯……我觉得你更了解她。我只是在她需要找个人说说话的时候和她聊聊，还有她想倾诉什么的时候我听听。反正……（立马换话题）。

原则 1： **每当打开电脑，先想一想你真正想要从互联网上得到的是什么。**

请记住输入（你从互联网上得到的）和输出（你向互联网上发出的）都取决于你自己。

我们先来谈谈输出吧。有时候，我们会控制不住，想要在网上发表一些东西。

发表动态实在是太棒了！因为互联网可以把日记、相册、信件、年鉴以及短视频完美地集于一身，简直就是展示我们智慧的火花、难忘的经历以及与远在天边的朋友保持联系的绝佳场地。互联网可以带给我们无限乐趣，所以我们绝不会放过任何一个可以与网友分享对自己非常重要或者令自己特别骄傲的事情的机会。

但是，如果你通过网络上的回应来评价自己的生活状态，问题就出现了。如果你没有在照片墙（Instagram）*上发表动态表明发生了某件事，难道这件事在现实中就没发生过吗？如果没有把产品放在领英（LinkedIn）**上，难道别人就不知道我们生产了这款产品吗？有句流行语叫"有图有真相"，似乎说得跟真的一样。大家都沉迷于在网络上晒自己的生活轨迹，精心地制作朋友圈动态，发表出去让别人觉得自己很幸福、惬意。这从人类漫长的发展史上来

---

* 一款在移动端运行的社交应用，类似微信。——译者注

** 全球职业社交网站，商务化人际关系网。——译者注

看，是一件新事物。很难想象，十几年前，只有公司董事长和高管才拥有智能手机。仅仅在十几年后，几乎人手一部智能手机，没有智能手机的人显得格格不入。

我的意思是，大家都喜欢在交谈的时候以自己为中心，都喜欢别人聆听自己。社交媒体的出现让这些需求唾手可得，而且网络礼仪似乎也是跟着大家的步伐在发展（在这里，"大家"是指网络用户的主体——千禧一代）。他们发出一条动态后，五分钟之内，如果收到赞的数量达不到预期，那么不管那条动态多么重要，他们都会毅然决然地删除；仅仅为了发一张图，他们就力求完美，会提前拍摄几百甚至几千张备选照片；他们会为了表现自己，在奥斯威辛集中营前面摆一张性感自拍；他们会虐待自己的奶奶，说这是照顾奶奶的新潮流。*许多社交媒体上出现的问题都是这些年轻人引起的。实际上，不只是年轻人，其他人也会抓住一切可能的机会在网络上表现自己。

当今社会，通过网络，人们可以随时随地与任何人以数百万种方式交流。所以，在网络世界中，我们到底应该说什么？如何去说呢？

自我检查清单

在你情绪高涨，马上就要按下"发表"这个按钮的时候，请你先看看这个自我检查清单：

❋ 我说的话是否清楚明了地表达了我想说的？是否不偏不倚，

---

* 这只是开玩笑的说法。

没有无意识伤及他人？是否中心思想明确，没有误导他人？

❋ 我所发表的东西面向的对象是谁？是所有人可见还是只是一
小部分人可见？如果是屏蔽了某些人，事后别人察觉了会不
会不好？

❋ 我现在必须发送这条动态吗？为何不在半小时后或者一小
时后或者明天再发呢？

❋ 一旦发出去，肯定会有各种各样的评论与看法，不管是支
持我的还是反对我的，我准备好接受它们了吗？

亚历山德拉·弗兰岑*女士还有另外一种说法：

　　我在提笔之前会先思考一下，读者在读了我写的东西之后
会有一种什么样的感觉，我想让他们思考哪些东西，我想让读
者读完之后做些什么，如果在动笔之前想清楚，给上述问题奠
定一个亲切的基调，那么，写出来的东西，在读者看来，一定
是十分清楚明了、获益颇丰的。

　　想想自己为什么要发这条动态，是为了激发别人的嫉妒吗？你
是想给别人讲述自己还是自己的生活？并不是说你不该有上述动

---

* 亚历山德拉·弗兰岑是我的一位朋友，她简直就是一位超凡脱俗的女子。您可以想象这样
一个女子形象：英姿飒爽，落落大方。亚历山德拉正是这样一位女性，至少在我看来她就是
如此。她三十多岁，现居住在俄勒冈州的波特兰市。她创作颇丰，包括但不限于书籍、博客、
广告以及美文等。

机，我承认，包括我自己在内，大家都有一点虚荣。有时候，身边发生可喜可贺的事情，就该庆祝庆祝；有时候，我们会因为嗓子发炎，疼痛难忍而抱怨几句；有时候，新闻里播报了一些突发事件，我们也会自然而然地想和朋友一起讨论讨论，可也绝对不会正儿八经到开个圆桌会议来议论（原则4会更加详细地讲述）。

但是，请不要发一些你在旅游途中"拉仇恨"的照片，而且是有意炫耀自己的财富或者成功的那一种。假如你还以不知足的语气发了这些动态，那么下场可想而知：惨遭唾骂。

就像我的另一位朋友希拉·汉密尔顿*说的那样："如果对头等舱的飞机餐都要抱怨一番，那么你还真是不如一条动态都不要发。"

在我家自己的办公桌上，放着一张小小的卡片，我在写作的时候会经常看看：

等等！

你写的东西有用吗？有趣吗？
够有趣吗？够真实吗？

---

* 希拉·汉密尔顿是我见过的最漂亮的人。她真的有做王公贵族配偶的气质，但是她在波特兰市的广播电台工作，做过很多不可思议的亲切访谈。镇上的每个人都喜欢她，她也喜欢每个人。我们谈及公众人物在社交网站上公开个人资料的危险。在她的脸书上有5000多个好友，她说："我才发现自己好像认识所有人。"和希拉一起去咖啡店喝咖啡非常有趣，因为认识她的人太多了，经常有人停下来跟她打招呼，然后她会向大家介绍你，这让你觉得自己似乎也很受人欢迎。

因为，如果有人读了我写的东西，我希望他对于我卡片上的问题给予肯定的回答。写作的时候最重要的不是"我想说什么"，而是"为什么别人要花时间看我写的东西"。

除了要注意自己在互联网上发布的东西，同时也要注重自己从互联网上得到了什么。最简单的办法就是停下来思考片刻，问问自己当时的真实感受是什么。是不开心吗？为什么不开心？是悲伤、沮丧、寂寞还是愤怒？这些反应都正常吗？不可忽视的一点是，这些情绪会不会影响你或者你的生活？

这并不是要求你在网上只能看一些简单又平淡无奇的东西，而是万一出现以下情况，你该怎么办。

❋ 你在网上阅读了一篇深度好文（或者是看了一部纪录片、听了一段播客，或是进行了一场有意义的对话），讲的是你一直以来甚为关注的不公平现象以及成因，你是怀着愤怒的情绪在网上吸纳这些东西的，同时在内心深处肯定也是下定决心要为这种情况的改善做一点贡献，就算贡献不大，甚至只是为了表明立场转发这篇文章而已。要是你付出了实际行动，找到相关部门询问自己可否做点什么，那就更了不得了。

❋ 你对自己现状不满，整天郁郁寡欢，无事可干，所以，你通过网络沉溺于看别人在社交媒体上晒自己的生活（虽然你不知那些事是真是假）。于是你对自己更加不满，怒火中烧之际，你继续在网络上找一些明知对自己不好的文章，最后越读越气。

上面说的两种情况虽然都导致你不开心，但是两者还是有区别的。

虽然生活中有些事情是不受我们控制的，比如，总有些蛊惑大众者说一些危言耸听的话，到处散布谣言，传播负面情绪。但是，对于读到的东西、交谈的对象以及我们自身的反应，我们完全是有决定权的。在刚刚经历痛心的分手之后，你完全没有必要非得在网上看别人秀恩爱，除非看那些能让你开心起来；如果一个陌生人说的话对你来说毫无价值，你完全可以选择不理会；对于那些看了让你不舒服、伤心或者让你觉得自己一无是处的图片或者故事，你也完全可以不去看。在日常生活中阅读一些优美又有益的文章，有时候，完全可以让自己放松一下，停下脚步歇一歇，好好想一想自己当下最需要的是什么。

其实能够帮到你的人只有你自己，胜任这个光荣又伟大的任务的人非你自己不可。如果下次遇到那种令你伤心的情况，就让你内心最棒的自己（一提到最棒的人，我就想到我的祖母、我最好的朋友以及我的宠物狗三者的综合体）轻轻地在你耳畔说："凯莉*，生气有什么用呢？"如果你的回答是："除了给我坏心情，什么用也没有。"那么这个时候，就该合起笔记本电脑或者放下手机，去给你的好朋友写张明信片。

原则 2：一言既出，就无法再变。因此，说出的话要靠得住！

一直被推崇的谈话技巧就是说话必须做到有礼貌、讲文明、要乐观、温和、无攻击性。就像《小妇人》里面的主人公贝思·马奇临死之前说出的一些不让别人发觉自己快不行了的话语：

---

* 当然在你自己的情况下叫的肯定是你的名字。

"天哪！这雪下得真大啊！雪后的世界是这样的好看！你看那被雪覆盖的橡树像不像正在沉思的和尚？哎呀，冬天真的是太漫长了，好像这雪都不会停似的。"

说别人坏话不是绅士或者淑女的作风，恶意中伤别人的人给人一种从学校毕业之后就再也没有碰过书的感觉。

——莱斯利女士谈在发邮件之前多看几眼的必要性。

这竟然是一个临死之人所说的话，你能想象她微笑地说完这些话，然后在丝绸手帕上咯出血的场景吗？

总体来说，社交媒体上（至少现在看来）几乎没有什么有深度又发人深省的文章。我还没有见到过谁的观点在脸书上引起轰动。推特的推文字数限制在140个字左右，这点字数能写出多么有深度的东西呢？但是，就在这狭小的空间里，你绝对写过一些之后让自己后悔不已的话。

真的要谨言慎行（至少在大多数情况下这句话还是挺有用的），因为一旦在互联网上发表过，就不会被抹去。*

假如你真的是那种在超市里见谁都要聊几句的人——稍等一下，当然我说的不是下面这种情况：拿个大喇叭，说一些无足轻重的事情（比如你家的狗狗在玩的时候缠到了毯子的一角，显得十分可爱）。我不会花时间和别人说一些无关紧要的话，当然，如果在工作之余、茶

---

* 亚历克斯·安吉尔担任过Reddit（新闻网站）的总监，后面会提到她。她说，我们都明白这个道理，但是又不这样做，只有到事情真正发生的时候，才会想起。以她为例，她和别人在网络上的私人聊天记录会时不时地在一些网站上跳出来。"只要是你在网上说过的话，大家就都能看到，"她说，顿了顿，眼神犀利地说，"你在网上发表的任何言论大家都能看到。我不是在开玩笑，如果有人真的花时间和精力去调查，就能把你在网上说的所有话查出来。"

我个人认为真该给亚历克斯颁发一个奖项，因为她能一下子看到网络风暴的风眼里，而且多年身处其中还毫发未损。

余饭后闲聊几句，那是可以的。但是我不会和不理解自己的人纠缠不清，说个没完没了。所以，我规定自己，说出的话要掷地有声，争取做到无懈可击，要是日后有人质问，我就可以有底气地作答。

你和别人在网络上的私人邮件或者私人信息其实一点都不私密，而且有时候你们开的一些玩笑可能会被他人恶意曲解并公之于众，把矛头指向你。

我的一个朋友李·威斯汀，是波特兰一家公关公司的总裁。他告诉自己公司里的高管，从早上离家开始，一直到晚上回家之前，一切在网上的行为都是公开的。接受公众的窥探是唯一的选择。

你说的话不一定人人都同意，除非你觉得自己的话真的有道理（这才是最重要的，因为有道理的话一定会有人表示赞同）。深受大家喜爱的电台主播希拉·汉密尔顿，我之前也提到过，她就是一位成功的公众人物，但是她在私人脸书上也会时不时发发牢骚。

"有些人说在社交媒体上一点点反对主流的说法都不能表达，"她说，"但是我觉得，既然是我的个人账号，那么在这个账号上反映的就是真实的我。我会在脸书上谈我的孩子、我的朋友、我的社交圈，甚至对一些事情的看法我也可以放在脸书上啊。

"不过，我发表对某些事情的看法也不是很频繁，大概一百条帖子里面有一两条。"

在希拉看来，人们思想的碰撞意味着民主，她也喜欢就某些问题和大家进行和平辩论。

"我一向都很讲礼貌，因为一次成功对话的前提就是双方讲礼貌。当然我也希望身边的朋友能坚守这个前提，要是他们在网上乱吵，我就屏蔽他们。

"我也不害怕和与我意见不一致的人交谈，因为我也好奇他们的想法。关键是要怀着一颗理解彼此的心。

"我从来不会发表一些突发奇想的东西，如果没有足够确定以及对某件事有很成熟的见解，我是绝对不会在网络上随意发言的。如果你正经历某些不幸，那也不要急着在网上发牢骚，先静下来仔细分析分析问题到底出在哪里。"

十多年前，当时本就对希拉疏远的丈夫在诊断出患有躁郁症后，自杀了。在丈夫去世后，希拉发现只剩女儿与自己相依为命，家里还欠了数十万美元的债。

切记要三思！

当你想在网上发表私人大事的时候，特别是你感觉会对你不利的事情，切记要三思而后行。万事都要小心为上，因为当局者迷。

也不是说等上一天两天，这个思考过程可以持续几周甚至几年。你可以和亲友们商量商量，也可以跟你的心理治疗师谈谈。一定要在你决定把它发到网上让大家都知道之前，小心保密。

希拉·汉密尔顿在出版自己的书《我们所不知道的事：了解心理疾病》时，也提到了自己家在2015年遭遇的不幸。这本书写得非常好，令人看后感动不已。在书中，希拉把自己的不幸和美国社会中存在的心理疾病联系起来，谈及这种病是多么常见，但是治疗资源又是多么紧缺。希拉想了又想，做了些调查，也和其他人深聊过，最终把成果写入书中，给世人带来自己的一份贡献。最终她选择发表出来，同时也须谨慎面对各种各样的评论。她自己也认真思考过把自己的不幸公之于众会带来什么结果。她最终的决定，是深思熟虑之后做出的。

她说："生活本身的艰苦就够折磨人的了，你完全可以告诉他人你正遭遇某些不幸。当你遇到同样不幸的人时，更应该和他们倾诉，大家一起分担。"

生活本就有甘有苦，何不珍惜一帆风顺的日子？互联网带来的好处之一就是让人们能够以另外一种方式团结起来，为了共同的目标，群策群力，当然在合作过程中也并不是称每个人的心意的。

你在脸书上肯定有那么几个朋友就某些事情和你意见相左。明知道他们与你意见相左，也就不想浪费时间去仔细看他们都发了些什么。因此，自己的一些观点也不一定要发给所有人看，或许它们只适合一小部分人看，所以，这也正是接下来要讲的原则。

原则3：不要在意那些无稽之谈

如果你愿意，你可以给自己打造一座漂亮的私人网络花园，和你交谈的都是志同道合的人。在这座花园里也会有一些人和你对某些事情有不同的看法，但是他们既然保持彬彬有礼的态度，就绝不会和你大吵大闹。你完全可以把自己这座小小的花园保护好，那些不懂礼仪的人是不会被邀请进来的。

和一个与自己有不同见解的人进行交流可以开阔自己的眼界、增长见识，就算最终你改变了自己之前的看法，这也是一次很成功的交流。当然，面对面进行这种交流，效果会更好。因为网络上的互动毕竟会受限于距离以及许多不便之处，没有在现实生活中进行得有效。

我之前采访过亚历克斯·安吉尔（我敢保证她的名字百分之百

是真实名字），她之前的工作是人类历史上难度最大的工作（可能有待商榷）*。

多年以来，亚历克斯一直担任Reddit新闻网站里3700万用户的社区管理者，那是一个针砭时弊、文风犀利的网站。她负责制定那个社区的行为规范，管理社区的方方面面。亚历克斯每天需要花16小时在网上和用户交流，解答他们的疑问以及解决用户之间的矛盾，屏蔽某些用户以及声明为何屏蔽那些用户，等等。每天她都会收到将近一万封恶意或者骚扰邮件，尤其是当大家发现她是一名女性之后，她收到的来自男性的骚扰邮件便更多了。

"生活中避免不了遇到一些烦心的人和事，"她说，"只要退后一步，从当下的困境中抽身出来，记住这并不是世界末日，你就会真的获益。"

她发现，人们在网上交流基本都匿名，隐匿得越深，人们就越容易显得暴躁。我问她每天是如何应对无数恶意或者骚扰信息的。

她回答道："不要在意就好了，其实那些信息并不是针对你，那只是人们在发泄自己的某种情绪，而我恰恰就是他们发泄的对象而已。"

她还说，自己并不知道发那些信息的人现实生活中到底是什么样的人、他们到底经历了什么。

"对方是否是个浑蛋，还是说他只是心情不好、情绪不稳定，

---

* 亚历克斯面对自己高难度的工作，依旧可以胜任，而且在空余时间自学了美甲技术。所以，大家对她都心服口服，说不定哪天她就会开一家属于自己的美甲店，一天只接待少量来客。她还在大学期间帮助研发了军用激光技术。女士们，先生们，请记住这个大人物——亚历克斯·安吉尔。

或者只是百无聊赖想找点乐子，这些你都无从得知，"她说，"大家都是平等的，都需要得到别人的尊敬。而且你根本不知道对方现在处于什么状态。说不定他刚刚被老板炒了鱿鱼，又或许是他刚刚失去了一个亲人，又或者他刚刚和恋人分手了……所以，他们也许都是因为这些不幸的事情，自己的情绪无处发泄，最终说出一些有口无心、伤及他人的话语。"

她还指出至关重要的一点，那就是，我们要知道，无论在哪里，包括在互联网上，都存在一些患有心理疾病、无法得到帮助的人。

"你知道，有些人真的是一根筋，无论你怎么劝说，他们都固执己见。"

也就是说，假如你看到令人作呕的腐烂的食物，那你选择不吃就好了。比如，在现实生活中，我肯定不会去一个全是小孩子的社团，去和他们谈论哪款玩具枪好玩，因为作为一个已经过了那个年纪的人，看事物的出发点与他们的完全不一样，是无法和他们谈得来的。如果我和孩子们谈谈别的东西，或许还可以与他们打成一片。所以，不适合自己的场所，最好不去。

但是，在网络上，你我都素未谋面，也不知道对方的底细，我们可以自由地发表言论、看法，完全都是在无意间了解彼此，或是赞同对方意见，或是另有见解。

反观小孩子们的玩具枪社团，他们完全可以找和自己想法差不多的小伙伴一起讨论，而不像在网络上，大家都是随意组合。

因此，道不同，不相为谋。我是不会在网上与和自己意见完全相反的人争论的。比起非得在论坛上争个高低，还不如大家都用这些时间多读点有用的东西。

亚历山大德拉·弗兰岑是一位面相和善、待人接物十分温和有礼的女士。有一次，她在一个网站上看到有人取笑甚至辱没她的一个朋友和其他几个博客博主。

"于是我写了一篇博客，抨击了这种网络欺凌，虽然我没有点名具体是哪个网站，但是大家心知肚明。"她说，"最后我还进入了一个批判我的论坛。一进去，我就说：'大家都是成年人，有话直说吧。'

"接着他们就开始嘲笑我，还发了一些恶搞的表情包，最后他们也没有说出什么。我完全可以不理他们，直接走开，退出论坛。因为他们的想法已经固化了，和他们说话简直就是对牛弹琴。所以，不要在这种场合浪费自己的精力。"

再说一点，承认吧，你也不会在那地方改变自己的看法的。

所以，在脸书上，某些人老惹你生气，你还不愿意删了他们吗？或者干脆设置成不看他们的动态吧，这样眼不见心不烦，美好心情也就不会被破坏了。对于某些你不喜欢的网站，直接屏蔽吧，也不要去浏览底下的那些评论。

原则4：照样子做事

要想玩转网络世界，我们需要不断地开阔自己的视野，增加自己的词汇量，随着网络的进步而进步。照片墙上有自己的某些流行语，脸书上也有流行语，推特上也是如此，如果你不了解这些，那讲得通吗？

切记：不论新事物多么复杂难懂，肯定是有办法帮你认识的。坚信这一点。不仅仅在互联网上是如此，在现实生活中，任何新事物出现之后，这一点同样适用。

先观察别人，闭上嘴巴，睁开眼睛，竖起耳朵。先看看别人是怎么做的。到任何一个场合首先看谁说了算，再观察别人是怎么回应的。观察别人说话的语气、手势语，看到什么不理解的就去琢磨。

也要注意什么是违规的。要记住，网络世界中的规定和现实生活中的法律有一样的效力。要是你不遵守规范，那就是没有在互联网上做到合格上网，而且要时刻注意，并非不逾矩就说明你一定很优秀。

对不明白的地方，积极上网去查询，你总会找到答案的。

如果你有对网络玩得非常好的朋友，那就去请教一下网络上都有哪些隐性规定，以便自己做到不逾矩。

许多著作都在这方面有精彩的指导建议，这里就列举出一些最基本的知识吧。

电子邮件

* 简短但及时的回复远比一个冗长且滞后的回复好得多。

* 注意自己写邮件的语气，毕竟邮件是以文字形式呈现的。

* 信头的称呼和信尾的致意是最基本的礼节。

* 在写电子邮件之前好好想一想：必须写这封邮件吗？如果

必须写，那么有没有把所有的重要信息都包含进去？如果邮件不能把事情说清楚，非得来来往往拖上好几天，那还不如直接打个电话花十分钟说清楚。

❀ 在公共邮箱发邮件的时候得加倍注意——这封邮件有必要让所有人都看到且回复吗？

❀ 千万不要一气之下发出一些带有不好言语的邮件。若真的想发，那就先发到你最好的朋友那里，不要直接发给你想发的对象。一天之后，再好好考虑你该不该发。

❀ 在你想同时给许多人发邮件的时候，抄送是一个不错的选择。但是你得仔细考虑一下是否必须把别人的邮件地址显示出来。

❀ 如果你要给一堆人发邮件谈论你自己的生活，先不要着急。我并不是说你不可以这样做，只是说，如果处理得不得当的话，很容易搞成一个关于自己的"发布会"。若是真的要群发，最好发一些关于你的新手机号码、新电子邮件地址或者你搬家后新家的住址这类信息。

❀ 有一种情况是可以群发自己的生活状态的，那就是当你有很重要的事情要告知大家的时候。比如这个例子："认识大家我真的很庆幸，自从我弟弟生病住院后，我就和大家失去了联系。其间很多电话我没有时间接听，也没有时间回复短信，我感到十分抱歉。我很感激大家对我的关心。下面我就说说自己的近况吧……"

❋ 想告诉朋友一些不好的消息（是真的不好的消息，而不是"一直以来期待的升职没有成功"那一类消息），万不得已也不要发电子邮件告知，最好是见面或者打电话告诉他们。如果情况不允许，你可以先发封邮件说你有急事要和他联系，让他看到后尽快给你打电话，但是千万不要在邮件里面说你要告诉他一个坏消息而又不说这个消息具体是什么。最好让朋友知道有坏消息的同时尽快知道这个消息具体是什么。在这一点上，千万不要纠结。

脸书

❋ 你没有必要接受所有人的好友请求。如果有人问起，你可以这样回答："我真的不太经常用脸书，以前只是需要和两三个好友在脸书上联系一下，以后就不怎么用了。"千万不要害怕说"少量""两三个朋友""不怎么用"这类词语。

❋ 记住，你只要在脸书上阅读了朋友发过来的消息，对方那边就会收到提示。所以，如果你暂时不想回复他的话，那就先不要打开看他发了什么消息。

* 私密设置和给朋友分类是你最有力的工具。在你不想把自己发的牢骚给所有人看时，你可以选择某些类别下的朋友可见。又或者你和他只是在脸书上互加好友，但是你并不想看到他的动态，你只要把他的动态设为"不显示"就好。

* 不必给所有的动态都点赞或评论，除非某些动态确实写得很精彩。"感谢大家的支持！生活因你们而精彩！"这种话收到赞的数目还真是不可小觑。

* 不要在朋友发的动态底下和朋友的朋友发生口角，因为你根本连他是谁都不知道啊！他的想法又不关你的事。要是你自己的朋友发了一些你不认同的东西，你完全可以以平和的语气发私信给他，和他在私底下讨论他错在了哪里。要是他们死不认错，那就让这件事过去吧，不要再纠缠。

* 不要随意把聚餐或者聚会的照片发出来，要是有人想去但没有被邀请去，而他碰巧看到了你发的图片，那就很尴尬了。所以，发这种照片的时候还是不要设置为所有人可见。

* 的确，现在许多人只用脸书收发邀请函，但是你不能保证所有人能都看到你发过的活动邀请。如果你真心实意想邀请某个人的话，最好再发私信给他或者给他发条短信确认他已收到了邀请。

* 同样，如果你要在脸书上宣布一些重要的事情，是不能保证你所有的朋友都能够及时看到的。在通知一些重要事情（订婚、结婚、怀孕，等等）的时候，除了发表动态之外，

最好亲自通知其本人。

照片墙

❋ 这是一个传播正能量的地方，所以很受大家欢迎。如果你
想在上面发表一些负能量的东西，那还是关掉这个应用，
打开"愤怒的小鸟"玩一会儿吧。

❋ 并不是所有人都喜欢把自己的私人照片放在互联网上。所
以，在发集体照的时候，最好问一句："我把咱们的照片发
网上，可以吗？"

❋ 在谈及别人家的孩子的时候，要慎言、保守，谈及自己的
孩子时也须如此。

推特

❋ 推特是一个很容易引起争论的是非之地，所以我不怎么用
推特。提醒大家，在推特上发表言论的时候，三思而后行，
最好在发之前先发给一个朋友看看，之后再做决定。

❋ 推特也是一个可以接触名人的地方，这是其不可多得的优
点。要是没有推特，普通人哪里有跟像玛丽莲·梦露这样
的大明星实时互动的机会？但也要记住：当你在网上和陌
生人互动的时候，你回复或不回复都取决于你自己。因此，
换位思考一下，在互动的时候，别人不一定必须回复你。

❋ 如果你在推特上收到一些不好的评论（这种情况不可避

免），完全可以将其屏蔽，而且屏蔽得越早越好。

原则 5： 做网络的主人

没有规矩，不成方圆。网络世界是没有界限可言的[*]，但是你的生活由你自己做主，要你自己负责。你打算在网络上花多长时间？哪些网站是你不应该浏览的？给自己制定一个规矩吧。说白了，网络只是由无数的1和0生成的信息构成的，你不理它并不会让它伤心。设定了规矩，你就不会伤害到这一堆代码另一端的某个人。

上网容易成瘾。我们想要刺激，网络可以做到；我们想要得到别人的关注，网络可以帮我们实现（至少会给你造成这样的幻象）。在网络上沉溺的时间越久，就越容易脱离现实世界。对一些人来说，网络世界对他们有用，因为在网络上他们可以交到很多朋友，生活比以前更有意义。但是，对大多数人来说，沉迷于网络似乎把自己从现实生活中拖走了，拖入了一个虚拟世界。

"我经常告诫自己，还有与我交谈过的女性，不要做网络的奴隶——只会在电脑跟前回复消息的机器人。"蕾丽亚·高兰[**]说，

[*]　这里是双关，既指上网消遣基本是没有限制的，又指网络确实打破了地理界线。——译者注

[**]　蕾丽亚·高兰在接受采访时看到我穿着一身羊毛加短吻鳄皮革套装，大吃一惊，但是明显是喜欢我这件衣服的那种表情。于是，之后，我把这件衣服的购买链接发到了她的邮箱。我们一直都在谈论衣服的搭配问题，完全脱离了采访的主题。这就是我和蕾丽亚首次见面十分钟后的谈话，是不是觉得她十分风趣、平易近人呢？她经营着一家咨询机构，指导女强人如何成功地通过薪资谈判、提高团队效率等。她还参加政治活动，为青少年司法制度改革做出了突出贡献。如果你想打电话给她和她聊一聊，那么，不要事先用谷歌搜索她的信息，因为一旦搜索，你就会为她的成就所震惊，打电话的时候保不住你就会控制不住自己的情绪……就像我们首次见面我穿的那身套装带来的效果。

"但是，要做到不沉迷于网络实在太困难了，比如你刚打开电子邮箱，刚好看到自己的婆婆发来了一个有趣的链接，于是你和她聊了起来，但是邮箱里还有五十多封工作上的邮件需要你仔细阅读。"然后她叹了口气，"我把这种自己不由自主地去聊天的情况都戏称为'给小老鼠一块饼干惹的祸'。"

这个比喻引自一本寓言书中的故事，这个故事警告大家一开始就不应该给小老鼠那块饼干。因为你给了它一块饼干，它就会讨要一些牛奶，如果你又给了牛奶，它就会得寸进尺地继续讨要其他东西……到最后，这只老鼠会烧了你的房子，毁掉你的庄家，从你所在的亚特兰大蹿到海岸线去搞破坏。小时候读这个故事时，它就给我留下了深刻的印象。

我们的日常生活中总是充斥着网络上传来的那些"叮叮"声，响个不停。一听到那种声音，我们就知道有人需要我们，也就意味着别人关注着我们。我们得赶紧去看到底发生了什么事，看完了还要立马予以回复。过一会儿，我们又得回去看看，因为我们要确认对方是否收到了消息、是否还有其他事情。上网看消息、回复消息，这件事永远没有尽头，所以我们一天天其实就是在喂养这个名叫网络的可恶的"小老鼠"。

问题的症结并不在于一个人可能无法承担巨大的工作量，而在于我们的注意力和时间慢慢地被那些像小老鼠一样的一件又一件小事、一个又一个消息消耗了。

或许真有这样的人，他们能在回复邮件的同时回复推特消息，还能对所有发给自己的消息进行回复，与此同时，还可以出色地完成自己的本职工作。但是，大多数人都做不到这样，而是一直在因回复消息而一事无成和不回复消息就会让别人失望之间煎熬着。

蕾丽亚跟我说过她的一个朋友的事，那个人是名成功的律师，需要经常出差。她的这位朋友平时除了工作出差，一周工作长达60小时之余，还得给孩子们精心准备营养早晚餐，感觉自己都要忙疯了。

蕾丽亚说："你给自己定一个标准十分重要，我这个朋友给自己定的标准就是：要做一个好妈妈，必须保证孩子入口的食物都是营养充足的；又要做一个出色的律师，那就必须时常因公出差。可是这两个角色又很难同时做好。"

所以，在一些事情上，鱼与熊掌不可兼得。

最后，蕾丽亚的朋友也明白了，孩子偶尔吃一顿麦当劳又不会死*，她自己还可以喘口气。

永远记住一点：迄今为止，还没有人因为对方回复邮件晚了半分钟而发生什么不测。所以，不要多虑，晚点再回复邮件又不会发生人命关天的事情。

但是，如果你迟迟不回复对方的邮件或者信息，对方有可能会不开心。或许因为你没有及时回复而惹得对方懊恼，甚至使对方以为他们做错了什么事情而搞得你迟迟不回复，我不知道这种猜想是否符合大多数人的情况，反正在我看来是这样的。

"生活在现在这样一个信息社会，人们都希望自己发出的消息能够立马得到回复，这真的太难做到了。"蕾丽亚说，"很可笑的是，这样的信息社会竟然会破坏人与人之间的关系。几周前，我和

---

* 作者在这里用了一种夸张的表达。——译者注

亲切之理论

——牧师布莱恩·贝克

布莱恩·贝克博士是加利福尼亚州萨克拉门托市圣三一大教堂的教长。他对多种宗教都有很深的研究，主持过各种宗教思想的讨论会，包括瑜伽、佛教冥想、基督教经文以及祷告。布莱恩先生还非常支持婚姻平等，他还是效力于LGBT*群体的讨论召集会会员之一，召集会是圣三一大教堂和英国圣公会的下属团体。

采访他，是我所做的人物采访里我最喜欢的一次。在我采访他的时候，他正在苦练演讲，准备参加TedX演讲！他准备在反传统文化节日火人节上表演的主题是激进派眼里的公平（够震惊吧）。

（圣公会教徒）没有那种死板的教条，如"这就是这个意思"，因为对我们而言，"上帝"是一个以"上"字开头的词，其真正的含义以及肉眼看不到的东西还是要靠讲出来的。

在我看来，亲切就是上帝赐予人类以及所有造物永不消逝的爱。这是上帝给予我们的最好礼物。现今世界上的一切都太危险、太美了，除了爱。这个世界值得一切美好与爱。

在我女儿出生那天，我知道我一定会非常爱这个新生命，无论她做什么，都不会改变我对她的爱。在我眼里，她就是最完美的，在她

---

* 女同性恋者、男同性恋者、双性恋者以及跨性别者群体。——译者注

身上绝对不会存在偏执、吝啬以及残忍这些所有不好的地方。她绝对不是那样的，她一定能打败性格中的劣性部分。

作为凡人，我会如此爱另一个人，所以，我明白，如果我们犯了罪，上帝也不会因我们行为不端而生气。要是我们有任何不测，人世间没有我们的欢声笑语，上帝绝对会伤心不已。

在看一个人的时候，我们完全有权利选择观察他最不好的一面或者他是如何伤害我们的；我们也可以他伟大的母亲或者上帝的视角来看他——他只是一个天真无知的孩子，在尽力给大人表现自己最好的一面，在接受他人的宽恕而非评判中成长。如果人人都这样的话，那么对大家都是一种解放。

你现在能够意识到，正是我们的非礼行为造就了我们身处的社会的黑暗面，而我们可以选择不那样做。

亲切不分地域，没有定义，不分等级，人人有权得到它。你越是有见识，你就越亲切，与此同时，亲切会引领你走向文明与智慧。

这其实就是典型的"弄假成真"，所以你就尽力让自己达到亲切的标准，不知不觉你就会成为一个亲切的人。

一个朋友有些不愉快，我以为是人家生我的气呢。其实是因为我给她发的许多邮件和短信，她通通没有回复，所以整个周末我都在为这件事心烦。最后，下一个周一她给我打来电话：'嘿，伙计！很抱歉，没有看到你发的那么多邮件和短信。上周我不在家，你找我有什么事啊？'你看，其实她并没有生我的气啊，她只是没看到邮件而已。

"要是有人没有在短时间之内回复我的消息，我的第一反应是什么，尤其是那个人平常回复消息很快？'哦，他一定死了。他绝对不在人世了。'"

不只是蕾丽亚，我自己也是这样。我也会在没搞清楚状况之前错怪朋友。比如说，有时候，我的朋友并没有忙于工作、开车或在健身房锻炼，却一直没有回复我的消息，她可能只是在忙别的事情，但我会开始生她的气，心想，她是掉进第四度空间被里面的怪兽吃掉了吧！又或者说她可能情形不妙，被大街上的自动贩卖机吞掉了，已经被困在里面126个小时了吧。但是，如果我再次发短信给她，她会及时将她的位置发送给我，告诉我她在哪儿，这瞬间否决了我脑子里所有的幻想。唉……可是有意思的是，平时她开心的时候，我凭直觉可以感觉到。可是现在她为什么回复消息这么慢呢？我一定做了什么不可原谅的事情，惹得她生气了。我能主动承认自己的错误吗？况且错没错都是我自己瞎猜的，我不能这样做吧。但是我又觉得她绝对是生我的气了，我心里一直觉得别人不回复我的消息一定是我的问题。

我臆想的那些朋友不回复我的原因，对我来说也是一剂预防针，在没有收到朋友及时的回复时，我就不会伤心或者误解他们了。你可以这样想：朋友可能不经常看手机，所以没有回复消息；他们没有回复你的消息绝对不是因为他们不在人世了，而是因为平时他们就不是一天24小时都看手机的人。有意思的是，这些朋友最后成了我最知心的朋友，或许正是我们不经常通过手机联系而经常面对面交谈的原因吧。

使用手机的小建议

人人都拥有手机，是的，大家都喜欢时不时看看手机，尤其是有人在手机上联系你或者是手机上有什么有趣的事情的时候。但是，每当有人和你在一起的时候，你还看手机，就说明眼前的这个人远没有手机里发生的任何事情重要。

如果那时候你正等着一个重要的电话，马上要你去上手术台做手术，那就另当别论了。

和别人在一起的时候，如果你非要看看手机不可，那最好找个理由，说你要去一下洗手间（或者说，不提这个目的地也可以，再加一句你很快就会回来会更好），去处理完你手机上的事情再速速回来。

如果你在和朋友约好见面的时间段有一个重要的电话或者邮件要处理，最好提前告诉朋友："喂，邦妮，今天要和你见面我十分开心。但是我得告诉你，在1：30到2：00之间我的编辑会来电话，我得接听一下，聊几句，但是不会超过十分钟。这样可以吗？还是你想另约时间见面？"

这里是一些建议，让大家知道你心里有他们，只是不得不去处理别的事情，所以不会那么及时地回复大家的消息：

🌸 告诉大家你正在努力少看电脑、手机之类的电子屏幕，你会集中在一个时间段统一回复邮件以及信息。要是你没有及时回复消息的话，而别人找你又有急事，那就最好让别人给你打电话。

🌸 在邮箱首页，你可以写明自己不会每天查看邮箱。要是必须找你，最好在你有时间的时候发邮件，你在回复对方邮件的时候，最好再强调一遍前面所说的。

🌸 如果你想在一段时间内不使用社交媒体，那就在你的个人主页写清楚："社交媒体暂时停用，持续到某年某月某日。"这样别人就不会纳闷儿你为何迟迟不回复消息了。

🌸 告知大家你正在尽量和真人面对面地进行交流，这就意味着和人交流的时间大大减少，但是质量大大提升。

最后一条建议来自亚历山德拉·弗兰岑。她是一位十分成功的女性。在这个喧闹的世界中，她想利用禅宗冥思的办法得到一丝内心的安静，却收效甚微。我承认，得知这一点，我轻松了一些。

当她离开电台的岗位之后，所有的前辈都告诉她，要想成为一个成功的自由职业者，就离不开社交媒体。有了社交媒体，她的事业肯定会如虎添翼。这确实是大实话，而且亚历山德拉照做了，做得非常好，她在社交媒体上有成千上万的粉丝（谁不喜欢这样一个佛系又活跃的成功女性呢？）。

但是，她说，她和网络世界相处得并不和谐。

"我发现自己潜意识中一直想去看看手机，看看有没有什么新动态、看看谁都给我点赞了、谁又转发了我的帖子……"她说，"我的脑子里好像一直在分泌这种想看手机的多巴胺，我的手机一震动，它就分泌个不停。"

甚至有段时间，她宁可和网络上的人聊天，也不愿意和平时不上网的人坐下来谈心。

最后，推特强大的统计功能使她清醒过来，意识到了事情的严重性。

"我看了过去一年自己发出推文的总数。我估算了一下平均花在每条推特上的时间——从构思发什么、撰写、编辑到发表推文，"她顿了一下，翻了个白眼以表示对自己的不满，说道，"最后我还要花时间看大家都评论了些什么。

"我又估算了一下在我的余生中，按照那个时间，我还得花多长时间用在玩推特上。结果令我大吃一惊：照这样估算，在玩推特上，我要花九年左右的时间，瞬间我就惊呆了！

"这也引发了我的深思：当我临终的时候，回首我的一生，我是如何度过的呢？我给这个世界带来过什么？是否做过什么贡献？我是该悔恨还是该骄傲？照我那样下去，到时候我的回答肯定是前者。"

近来，亚历山德拉越来越少在网上活跃，她整个人也开心了许多。她知道自己继续那样玩的话，以后就要在网络上面浪费九年左右的时间，她觉得那样一点也不值得。于是她慢慢地减少了用在网络上的时间，尽量和真人面对面地聊天或者相处。顺便提一下，亚历山德拉打算在明年差不多6月份的时候注销自己的推特账户，看来她在戒掉网络这个瘾上做得还不错。

有太多的时间被浪费在一些所谓的友谊信件的写作与回复上（尤其是年轻女性）。

这类信件往往洋洋洒洒很多字，有说不完的话（还会有很多画掉的话语）。

其中不乏某些没能如何如何的愧疚之辞，也有很多誓言之类的套话；

自己如何如何差，对方如何如何好；甚或是惊奇于双方的某些相同趣味，

大有英雄所见略同之感；诉说对下次见面的热烈期盼，嫌弃时间过得太慢，

慨叹相见之日何时才能到……这类话语根本没有亲切感可言，

完全亵渎了友谊的真挚性。

——我敢肯定，莱斯利女士看过我平时的聊天记录，
嫌弃我用了太多的表情包。

亚历克斯也说道："我觉得大多数人都忘记了网络只是个工具而已。你可以想用就用，不想用就不用。

"人们好像蒙了，已经不知道注册或不注册脸书都是可以的，这不是硬性规定。"

直到最后戒掉网瘾之后，她才意识到自己之前因为网络已经变得不是自己了。

"在我不沉迷于网络的几个月后，我感觉……怎么说呢？以前在我脑子里仿佛一直有一台冰箱在运转，嗡嗡嗡地不停。我甚至已经习惯了，都麻木了。最后，突然那么一下，脑袋里瞬间安静了下来，就像是有人把那台机器关掉了一样。这时候，我才体会到真正

的安静是什么样子的。一直在为看推特而耗费精力的那个地方突然安静下来，我的脑袋一下子安静下来了。"

亲爱的读者朋友，难道你不觉得这很神奇吗？你可以体会到这种感觉的，你可以给自己的脑子放个假，规定自己几周或者几个月不去看社交媒体。其间，或许你会错过一些事情，但是比起你的整个人生，这些事情算得了什么呢？要是你所有的脑细胞都在不停地运转，不错过任何一个社交媒体上的新消息，你还会经历其他事情吗？你还会做出其他成就吗？这些谁都说不清楚。

亚历山德拉决定根据自己的人生准则来有规律地使用社交媒体，亚历克斯、希拉和蕾丽亚也是如此。她们这些成功女性和其他人都不是每时每刻都在回复消息，但是她们都是在用心地和他人交往。网络对于她们来说只是一个工具而已，她们不论以什么方式和别人交流，都是本着亲切、真诚的原则。

第三章

锻造亲切的艺术

有时候，做到待人彬彬有礼并不难。比如，当你心情愉悦、身边的人都和善友好、事情都顺风顺水的时候，见人主动微笑打招呼，便是一种自然而然、主动为之的小事。请你珍惜这种天时、地利、人和的时光，把那些美好的情绪珍藏起来，在人生顺境的时候，不断修炼、完善自己待人亲和友好的能力。毕竟，磨刀不误砍柴工*。

接下来，我继续用焊接技术来比喻亲切魅力的修炼：亲切不是彩饰瓷器那种易碎品**，而是像锻造钢铁一样，是经过仔细挑选原材料、经历层层打磨，最终在烈火中锻造而成的。

我的一个朋友曾经说过，远洋的帆船不仅要能够在风平浪静下

---

* 原文用的比喻是，在电焊店铺还没到生意兴隆的时候，还有充足的时间好好练习焊接的基本技术。——译者注

** 彩饰瓷器经不起烈火的考验，它们都是外表光鲜亮丽的东西，是宴会上的宠儿，但却没有经受火烤的能力。

航行，而且必须能够历经海啸风浪。一艘船如果只能静静地待在海港里，那么日后肯定经不起风暴的打击。

所以，让我们挺起胸膛、抖擞精神[*]，勇敢直面生活中似打铁时烈焰般的考验、航行中巨浪般的挑战，并且告诉自己：成功渡过苦难的唯一途径就是亲身经历。

如何"破解"与人交往中出现的"海啸"

在这一章中，我会列出几个策略，以应对人际交往中出现的难题。

1. 后退一步法： 后退并不是说完全脱离当时的场景，而是战略性地后退一步，可以纵观全局，采取相应的措施。

2. 脱离场景法： 有时候脱离当时的场景是最安全、最保险的做法。生活中发生的意外虽然很多，但是其中一些并不是针对自己的。所以，首先要把自己保护好，才有能力救助他人。假如作为飞行员，飞机发生意外的时候[**]，首先你得戴上氧气面罩。否则，没有了你，别人得救的可能性会更小。

3. 潜入纷争法： 这是最危险的选择，但是有时候这是唯一的选择。拿好指南针、穿好救生衣，直接潜入那团充满纷争的"水域"吧。

虽然这些策略不可能让"海啸"不发生，但是它们可以让你保住性命，甚至对整个事件的进展有所贡献。

---

[*] 原文用涂上唇彩寓意抖擞精神，或者涂上美国小蜜蜂牌的唇膏或者面霜，或者给自己涂上任何彩妆，作者自认为这就相当于自己最棒的盔甲。——译者注

[**] 要是有人害怕坐飞机的话，我在这里还是得说清楚，就算大量科学统计说明飞机失事的概率很小，但是情况并不乐观。

亲爱的，生活总会向你抛出一些你意料之外的事情，打乱你的节奏。你并不能决定生活会抛给你何种不幸，也不能决定这不幸在什么时候、在哪里出现，但是你可以决定如何去面对。

世界上没有那么多纸张可以把所有要考验人的艰难险阻记录下来*，当然我自己也不想在写作上浪费那么多的木材。

但是，我可以把自己在生活中遇到的那些烦心事简要地做个分类：

* 有心怀不善之人。

* 坚持自己的主张，必须和他人的冷眼或反对抗衡。

* 事情并不是朝着你自己心想的/希望的/渴求的方向发展。

* 你可能会卷入他人的纷争。

* 有人会离你而去，你也会离他人而去。

* 有时候会因为生活的重压而崩溃。

此外，因为这一章会涉及一些令人不愉快的内容，所以我写到关于悲伤、痛苦以及不幸的地方会用一些法语单词（这几个法语单词的意思分别是轻度、中度以及重度）来表示事情令人不愉快的程度，因为这些法语单词会稍稍缓解我的情绪。

----

* 我以前听说包括树木在内的植物也是有感情的，但是它们世界里的时间概念和我们的有些不一样：它们的一年可能相当于人世间的一百年。我有没有让你们大开眼界？或者是大吃一惊？我经常会这样冷不丁地敲醒迷糊的读者。

最后，还有一点，是我自己经历过的，而且我保证到最后你肯定会认同我的，那就是，对当下发生的事情理解得越少、越肤浅，日后从中得到的成长会越多。

和海啸这样的自然灾害不一样，人与人之间发生的冲突所造成的影响具有两面性，就是说，如果你冷静片刻，退后一步，你会获得比猛烈地抨击或彻底撤退这类防御方法得到更多有益的东西，你会更容易找到解决办法。所以要控制、控制、再控制！记住，是情商让你变得更强大，而不是拳头或者其他。

不经历苦难，我们永远不知道自己的潜力有多大。遇事不惊也是一种需要苦练的技术。亲切的最高境界就是能够在极其恶劣的条件下还能够对他人保持亲切。当遇到那些棘手的事情时，后退一步好好思考而不是乱发脾气怨天尤人，你就会惊奇地发现，保持和善与怜悯对于事情的解决是多么重要。

也许你会问，要是碰到那些保持亲和还是于事无补的情况该怎么办呢？我还是主张保持亲和的态度。就算这样做帮不了多大的忙，也会在一定程度上保护你，使你内心受到的伤害小一些，直到整个事件平息。所有事情都会过去的，要是你按照我说的去做，百分之百保证你在回首往事的时候不感到痛苦或悔恨。况且，就算情况真的糟糕得不能再糟糕了，最起码亲和还是身边唯一美好的东西。

好啦！下面就让我们一起看看都会有什么样的事情发生。

有的人不友善、不厚道、不公正

别人怎样做人我们无权涉及，无论别人如何让我们抓狂，如何让我们失去理智，有一点可以让我们始终保持清醒，那就是，人家终究不归咱们管啊。不管我们的意见多么有益、我们的计划多么正确，总会有人跟我们唱反调，不管错得多么离谱，他们都始终坚持错误的看法。在这种情况下，我们很容易就会认为这些人都是白痴，浪费时间、空间和精力把他们从通讯录上删除，决心和他们老死不相往来。但是，这个时候，你不妨退后一步，好好想一想究竟是什么让你如此生气，哪些是故意为之的。

"我觉得大部分粗鲁或冒犯行为都是无意而为的，只是因为冒犯者缺乏这种意识。""礼仪女王"艾米莉·波斯特的玄孙丹尼尔·波斯特·森宁说，"你可以告诉自己，难道那个人不知道什么是对的、什么是好的吗？是的，他们知道。就像你平常也明明知道什么是好的、什么是对的，但是依旧会犯错一样。"

丹尼尔认为礼节（礼仪）只是让自己更优秀的一种工具。同时，我也觉得发现别人（包括你自己）身上的闪光点是一件不可忽视的事情。

那么，你做得怎么样呢？

轻度 *

事事好胜者会这样说："嗯……不好意思，打扰一下。这只可憎的狗是你家的吗？为什么它对我的狗狗嗅个没完？我是讲究'界限'的！你和你那只狗最好注意一下。"

当一个陌生人无缘无故向你大喊大叫的时候，或许他是遛狗场所一个异常敏感的狗主人，他觉得你的狗威胁到了他高贵的德国牧羊犬；或许他是拥挤的道路上一个不知道交通规则的人；又或许他是一个在糖果店门前排着队，走开了一会儿，回来又嫌弃你站在他位子上的人。

应对策略：脱离场景法

"我习惯给别人留余地，因为你并不十分了解别人啊。"弗吉尼亚·普洛斯基说，"你并不知道他是从哪儿来的，也不知道他是二十分钟前出现在这里的，还是二十年前就在这里了。"

或许这个人本身就觉得对着不认识的人大喊大叫没什么大不了的，他经常这么做；又或者此时他正处于苦恼之中，因为他的亲人病危临终，而他因为极度痛苦，所以来遛狗场散散心。你并不了解这个人正处在什么样的状况

> 朋友或许无意间说了一些不好听的话。除非那些话和以前的瓜葛有关；或者她是真的想激怒你；又或者人家只是把自己的想法很直白地表达出来：这些都是她的权利，你无权干涉。
>
> ——莱斯利女士谈如何委婉地告知别人你不喜欢他们的言辞。

---

* 原文为法语。——译者注

中。如果你还是因为对这种人的做法十分不满而生气，我劝你深呼吸，好好想一想这是不是你的处事方式。

"有一个诀窍就是，碰到上述这种情况，你可以先不要急着回答那人的话，"弗吉尼亚说，"先看着那个人的眼睛，说：'看到你不开心，我也不好受。有什么可以帮到你的吗？'"

她说，如果对方表现得更愤怒，那你就自顾自地去做吧。

"这样说：'很遗憾，要是能帮到你就好了。'然后就不用管了。"

中度*

心怀怨愤者会说："呀！你升职了啊？和头儿有一腿的感觉就是不错哈。哈哈，我是说真的！你这种平步青云的方式很好！"

你的同事，甚至你的老板都会说一些你听不懂的风凉话。或许他们就是那种人，又或许他们就是恶意针对你。

应对策略：后退一步法

"如果对方是你的同事，而他们平常就是这副样子，总是非常不开心，"弗吉尼亚说，"那就需要和他们划清界限了。你肯定不想天天为这类人烦恼吧。"

弗吉尼亚建议，在这类人放松下来，不再对着你频频大放厥词的时候，你就直接挑明，把问题讲清楚。

---

* 此处原文为法语。——译者注

"不要害怕明说，但是要温和：'我要怎么做才不会伤害我们的同事关系呢？'要是他们说听不懂你在说啥，你就说：'貌似一提到某某事情的时候，你就不大高兴。我能做点什么改善这种状况吗？'"

蕾丽亚则认为，最好的办法就是保持目标一致，不让关系恶化。

"如果两人的关系不可能再转好，那就不要做无用功了。努力做好本职工作的同时不要让自己受人迫害就好。"蕾丽亚说，"和那些恶毒的人确实不好相处。"

她还说，保护自己不受他们的感染是最重要的。

"人有时候确实需要发泄一番，但是同事绝对不是你发泄的对象。"她说，"最好是向一个与你们的关系无关的人倒苦水。"

重度 *

拐弯抹角者会说："我和他上床了吗？是，我这么做了。我内心愧疚吗？是的，我愧疚。我还会继续吗？是的，我会的。怎么了？你问我这干什么？你在生我的气吗？"

你："我觉得咱们现在先不要谈这个话题。"

与你关系亲近的人做了背叛你的事情，而且是那种不可原谅的事情，你知道了真相，而且你不相信他们是为你好才这样做的，于是感到内心受到了重创。

* 此处原文为法语。——译者注

应对策略：潜入纷争法

在你和这种人绝交之前，最好再给他们一次解释的机会，也好让他们明白是怎么伤害你的。

有时候，也没有必要给他们解释的机会，因为他们做出的事情实在是不可饶恕，一旦提起，你就会痛苦万分，那就彼此直接老死不相往来好了。要是在社交场合碰到了，不得不搭话，那就只淡淡地打个招呼就好。要是他们乘机要多说话、想侥幸与你和好的话，你可以冷冷地回答："我不想再与你有任何瓜葛，而且你自己心里也清楚。"然后直接走开。

但是，要是你给他们一点点机会，比如你这样说："某某，我真的很伤心。我的心都已经伤透了。你当初究竟为什么要那样做？"

那么，他们很可能会说出一个你万万不会想到的完美的解释。

或许他们也会找一些借口，虽然你知道这种做法和解释完全不一样，只是一个可以让他们的愧疚稍稍得以消解的借口而已。你会对这种做法心生厌恶，也会对以强迫的方式得到原谅的做法深恶痛绝。

这里需要注意，很多人做了不可饶恕的事情之后，他们道歉绝对不是为了抚慰对方的心灵，而是为了给自己愧疚的内心找一丝丝安慰而已。所以，再有人对你这样道歉的时候，不要心软，就淡淡地回一句："你的歉意我知道了。"但是不要说你原谅他们了。

原不原谅就看你自己了，下面是几种选项：

❁ 你可以选择原谅（或不原谅），并且继续与之来往。

* 你可以选择原谅（或不原谅），但不继续与之来往。

* 你也可以在选择原谅的同时，往后依然不与之往来。

    别人对你道歉并不意味着你立马得原谅他们。原谅意味着真正地放下过去的伤痛，继续前行。如果你还没有准备好放下并不意味着你永远放不下，但是你也不要强装已经放下了。"我原谅你"这几个字是很有分量的，和"我爱你"一样意义重大，一定要在真正应该说的时候再说。

    你可以回答说"没关系"，这就让做错事者明白了他对你的生活并没有造成什么伤害。你也可以说"你能够道歉，我很感谢"，这就说明在情感上是接受对方的，但是还没有到与之和好的地步。"谢谢你"也是一句接受他人认错的话，但是也不证明你已经放下了。

坚持为善

轻度

    粗鄙之人会说："哈哈！我刚才把他们好好地收拾了一顿，击中了要害*。他们不就喜欢这样吗？"

---

* 原文用的词意思是生殖器。——译者注

蕾丽亚的十大谈判技巧

蕾丽亚·高兰精通谈判，在这里分享了她关于亲切待人的十大协商技巧。我要提醒的是，虽然下面的这些案例基本都是与工作有关的，但是其中的谈判技巧适用于所有情况。只要你觉得对方和你的意见不一致，你们想要通过谈判达成共识，那么这些技巧就会派上用场。

1. **把协商的本意牢记在心。**"旨在达成共识"就是谈判的本意。谈判并没有想象中的那样难，对吧？不一定非得在想加薪或者购置商品的时候才去谈判，其实在日常生活中处处需要谈判，说不定你已经磨炼得很出色了。

2. **了解自己的目标。**在谈判之前，考虑清楚自己想要的是什么。在求职的时候，虽然产假对你来说无所谓，但是灵活的工作时间可能会使你非常满意。要提出自己的条件，包括"必须有哪些""最好有哪些"，以及使谈判失败的某些因素，你都得提前考虑到。

3. **预先做好准备。**有备无患。在求职面试前做一些调查，清楚应聘岗位的正常薪资情况，这样才不会亏了自己。

4. **运用同理心。**不管是和你的上司、同事还是客户谈判，都请多站在对方的角度上考虑问题。如果情况允许，在替对方考虑的同时，把自己的条件顺便融入进去，这样双方就会各得所需。这样做对你还有一个加分点：让对方觉得你很会为他考虑。

5. **熟能生巧。**在和上司首次谈判的时候，你绝对不想以失败告终，或者让对方对你没有一点点好感。平时多与信任的好友和导师进行角色扮演，多练习练习，找到你说话方式的最佳状态，把你的语言磨炼得连贯而又真诚。

6. **知己知彼，百战不殆。**注意对方的喜好，在看简历或者文件的时候，有人对出现的数据很反感，有人又很喜欢记叙性质的文风。所以，要投其所好。

7. **习惯短暂的沉默。**我在紧张的时候，说话速度会自动加快，但是这在谈判中是大忌。因为我觉得在谈判中出现的安静会让人不舒服，所以不敢让整个过程出现沉默的尴尬。但是，你要练习着提出自己的疑问之后，给别人二十秒左右的时间思考一下、组织语言。

8. **善于聆听。**这一点是不言自明的。你是否会在谈判过程中考虑自己接下来要说什么的时候，忽略别人正在说的话？如果在别人说话的时候仔细聆听，不用费力思考，自然就会知道还有什么是需要你接着补充的。

9. **善于提问。**可以对对方刚才谈及的问题用提问的方式复述一下："您刚才谈的问题是××意思吗？"这样就可以避免出现一些误解，而且显得你在很认真地听对方讲话。

10. **善于总结。**不要低估在谈判结束后总结的力量。这样会让对方觉得自己很受重视，而且表明了双方意见一致，达成了共识。

伙计，你刚才说的是什么？你在讲一个很搞笑的强奸犯吗？*还是在讨论种族歧视？或者是在说变性人的什么坏话？用你的话来说就是"装模作样"，关于人家在外面上厕所该走哪个门你都要讨论半天……你脑子里都装着些什么不可告人的话题？

对于这种人，你有两种办法，用哪种取决于你和他们的交往频率以及他们说话伤人的程度。要是你们只是一面之缘而已，比如在聚会上偶遇，那你最好就采取脱离场景法——你不可能教化每个人。

应对策略：脱离场景法

唉！世上怎么有这么多狗嘴里吐不出象牙的人啊！但是这种人大有人在，谁也说不清他们为什么会这样。

如果你还是放不下这种人带来的烦恼，因此耗费时间与精力去生气，甚至恼怒以及心生恨意，我只能说，这是你的选择。

但是，记住，你可以选择更好的办法，那就是清楚地知道大多数人本来就不会在你生命中扮演什么重要的角色。就像在前一章里提到过的那样，要是别人说的话没有什么意义，那你完全可以选择不去听，也不要想着去教化他们。可能你十分想要教化他们，但是你要想一想，你的时间也是很宝贵的，对这种人讲道理就是对牛弹琴。你的精力本可以用于其他更有意义的事，还不如付出时间和精力打造或者进入你理想的环境——起码没有人会在聚会这种公共场合说那种话。

是的！这种人确实说了一些不好的话。那就不去理会他们，深呼

* 对这种事还能笑出来？

吸，顿一下，满脸迷惑又吃惊地对自己说："嗯……好吧。"这时候，你可能想给自己找个台阶下，想着不再跟他们搭话了，赶紧走吧！

如果没办法脱身的话，那就不要再想他们所说的话题了，对那些污言秽语充耳不闻好了。

"嗯……说点别的吧。劳拉！你养的鹌鹑近况如何啊？还有，小鸡孵化出来了吗？"

应对策略：潜入纷争法

或许平时生活中不可避免地要遭遇这种人，抬头不见低头见——你的亲戚、同事、好朋友的死党，甚至是上司（我的老天爷啊！千万不要是上司！），你每天都要和他们打交道。

这里再次强调一下，别人脑子里想什么或者嘴上说什么，我们是无法控制的，你也别指望改变他们。但是，听不听他们说的那些话是由你做主的。如果你身边真有这样的人，你就完全可以用这一套来应付。

下面是一个例子：

同事的"妙语"：哦，这就是在婴儿生日派对上不邀请塞内加尔人的缘故啊！

你：（神情迷惑）我完全不知道你在说什么。

同事：（试着解释自己所说的。）

你：嗯？你怎么说这些？

同事：（嘴巴发出啧啧声。）

你：好吧，有点意思。

这里的"你"采取的办法就是尽量不让别人感到不舒服或者下

不来台，也不对别人说的话给予肯定或否定，这样就不会表现出你认同别人的想法——那样的话，别人的恶意可就得逞了。只是让他们对他们之前说过的话负责就行了。

> 如果和做事很过分、跟他连一句话都不想多说的人遇到了，
> 尽量离他们远一点。因为说别人坏话真的很过分，
> 而这些人经常写辱骂他人的匿名信。
>
> ——莱斯利女士谈"远离某些人"。

如果这个人坚信自己说的话没有什么不妥的，而且攻击性的言语也不多（其实很多，只是他不这样觉得而已），不仅自己信口雌黄，还要拉着别人附和，这时候，面对他，你可以一直采取消极态度：

"我们对这个问题的看法不同。"

"我不想谈关于某某某的话题……"

"我明白你是那样想的，但是……"

如果你不想认同他的看法，那就试一下前面提到的三句话，直到他觉得一人唱独角戏很无聊，自动终结话题。这三句话非常有用，要是你直接说"我不同意你的看法"，那就正好给他打开了"方便"之门：开始说服你。那样你就更难以结束你不喜欢的话题了。

中度

轻率者会这样说:"嘿!你是某某吗?我这儿有一个非常不错的工作机会适合你,基本职责跟总经理差不多,不过薪资跟你现在还是一样的。我们都为你感到骄傲!"

拜托!似乎升职这件事三年前就应该进行了。

哦,已经过去三年了。

在这里,我得重提蕾丽亚,因为她的工作就是训练女士如何进行谈判并取得成功。

"很多女性朋友常常说自己的谈判能力很差。但是,在我看来,她们根本就是在胡说。"蕾丽亚说,"实际上,平时很多女性朋友在处理问题上本身就用了非常出色的谈判手段。"

(继续说吧,蕾丽亚,她们是怎样谈判的。)

"谈判要成功,必须要做到的就是——认真聆听他人、积极提出疑问,以及对他人表示关心。这些本来就是女性天生具备的特质。"她说。

蕾丽亚说,在进行谈判之前,必须搞清楚自己的目的是什么。谈判不只是得到更多的钱需要的手段(这是最基本的手段),在想要争取更好的工作环境、更大的权力或者更多的人身自由的时候,都需要出色的谈判本领。

"我有这样一个客户,她已经在工作岗位上三十年了,但是一直没有得到任何加薪的机会。更糟糕的是,她还没有与老板谈判的机会。在共同探讨这个问题的时候,我发现她真正想要的是在工作中得到认可,虽然她的工资一直没有上涨,但是额外的奖金很多。她的意愿是得到大家对她工作的认可，所以她并不认为自己很失败。"

有时候，面对对方的拒绝，多问几句，或许对方便会改变心意。

"如果我周五想在家工作，不想去公司上班，那我可能会问：'凯莉，我周五可以在家工作吗？'你说，不可以。如果你接着问我为什么，那我可能就能达到我的目的。比如你可能会说：'周五公司有一个重要会议，可以改天在家上班吗？'（大家看看这句话，是不是意味着现在不可以，以后或许可以？公司文化并不要求人人每天必须到公司，所以，是同意了吗？）

"在谈判过程中，有一个技巧或许会提高成功的概率。"蕾丽亚说，"那就是为对方考虑，要善于站在对方的立场看问题。所以，可以这样说：'凯莉，我知道每个月我们都要写报告，这几天我正在赶报告。在办公室的话，很多干扰因素影响我的进程。所以，我想问您是否同意我周五在家突击一下，把报告搞定。这样，我们就会在截止日期前有充足的时间讨论有没有需要修改的地方。'"

千万不要傻到说你不来公司上班是因为家里比较舒服，一定要站在对方的立场上思考问题，要做到急人所急，注意到对方的所需，最终达到一个能够使双方都满意的结果。

最后，她建议，如果你想让老板给你加薪，首先你要正确认识自己，衡量自己的价值，要够优秀，得到大家的认可才行——先在薪酬统计网上看看你这个岗位要求的能力与做出的成绩。

事情并不总是如你所愿

首先，我给大家出一个脑筋急转弯：世界上最糟糕的海是什么？答案：现实生活和理想生活之间的"海峡"。*

这个海峡可以容纳很多东西——你理想中的工作和你现实中的工作、你理想中的别人和现实中的那个人（当然，也包括你在内）。

我们都有愿望，有时候愿望会成为现实，但是，大多数情况下，愿望是很难实现的，况且就算成为现实，结果还是和自己心里所想的有些差距（这一点大家都明白）。

有一个不错的方法，就是不要对不太可能实现的东西抱有太大的期望。如果你的老板根本没有一点点要给你升职的意思，为何要幻想有一天你会升职？还不如跳槽去找更宽广的天地。与其幻想不可能发生的事、抱怨生活对你的不公，还不如用时间和精力这种不可再生的宝贵资源做一些有意义的事情呢。

轻度

拐弯抹角者会这样说："呃……你知道的……（压低嗓音）城市公园购物广场最大的问题就是它是归以色列人管辖的。"

生活中确实会有一些你不喜欢的人、事或者地方，但是你对他

---

* 声明一下，这个问题本身问得很容易让人上当，因为答案是海峡，并不是海。而且你的答案肯定是错误的，因为这个答案是我瞎编的，并不是你想象中的某片海。

们束手无策，可能它是曼哈顿中城区，或者是一只年老的目光凶残的狗，又或者是一个你认为一无是处的人。

应对策略：潜入纷争法（探索令自己不舒服的东西）

等等！首先要理清楚你不喜欢的或者让你不舒服的到底是什么。是粗鄙、令人不快、无趣还是非常不公平？然后问自己一个最重要的问题：那又如何？

曼哈顿中城区人口密集，极其喧闹、嘈杂。此时你感觉双脚冰凉，浑身又冷又湿，但是你来这里有事情要办，三小时后才能走。你不喜欢这里。

怎么办呢？你去那儿是有事情要办，所以办完事赶紧走吧。

至于那只狗——刚刚它还在和另一只狗好好地玩耍，现在却跑过来非得舔舔你的脚指头，因为你刚好穿了露脚趾的鞋。

很恶心，对吧？但是又能怎么办呢？被狗舔了脚指头又不会死，回去洗洗就好了。

还有那个你觉得一无是处的人，他和你尊敬的祖母同样生活在人世间，呼吸着同样的空气。就算你再讨厌他，认为把他扔到垃圾车上都不为过，但是人家也完全有理由继续存在于你的社交圈啊。

就算他应该被扔到垃圾车上与垃圾为伍，但是当下并没有垃圾车收他。就算垃圾车司机听你的调遣*，又能怎样呢？只是解决了当下的问题，世上还有很多这样的人啊。到最后，大家都会离开的，人人都会的，无一例外，大家都会找到最终的归宿。

---

*　假如现在是听你的命令。

重度

生活中总有一些你渴望而又得不到的东西。也许你希望自己婚姻美满、有儿有女；也许你希望自己能够得到身边人的认可、实现自身的价值，而不是不被认可甚至被误解；也许你希望自己的母亲现在依然健康在世……

应对策略：脱离场景法

综观全局，看看有什么事情是你可控的、什么是不可控的。

不可控的：

- 在某年某月遇到那个"对的人"。

- 你是否可以顺利产下健康的宝宝。

- 人们会在何时突然离世。

- 别人是否按照你的意愿做事。

可控的：

- 不要浪费大量时间做无谓的抱怨，你可以靠双手去创造美好的生活。

- 失去深爱的人或者心爱的东西，你是否会花时间祭奠。

- 在你需要帮助的时候，让爱你的、想帮你的人帮你一把。

- 是否接受和允许某人长时间欺负你。

在关键时刻做最正确的事

　　我读过的对改变人生（真的，尤其是对社交而言）最有用的文章之一，就是苏珊·西尔克和巴里·戈德曼写的"说话的技巧"一文，这篇文章于2013年4月7日年发表于《洛杉矶时报》。如果你还没有读过，我强烈推荐你读一读。

　　苏珊本人曾罹患乳腺癌，幸运的是她战胜了病魔，恢复了健康。在受病痛折磨期间，有些小小的不愉快：她的很多朋友都向她抱怨因为她的癌症带来的诸多不便。

　　大家可能都经历过这种事——当自己的处境不好，或情绪低落或身体不适时，身边却有一些状况比自己好很多的人想从你这里得到些许安慰。

　　于是苏珊得出了一个理论——圈圈论。

　　"此论适用于各种紧要关头：医疗、法律、经济、恋爱，甚至生死存亡。"文章中讲道。

　　这个理论具体是什么呢？想象一下树的年轮。每个圈代表一个受事件影响的人，在这一系列圈中，只有一个人是受影响最大的。拿苏珊身患癌症这件事来说，很显然，苏珊所在的圈代表受癌症影响最大的那个，就是最中心的那个圈。这个圈外面的那个圈代表她的丈夫和孩子；之后向外的圈代表她的亲戚和最好的朋友；再向外面的就代表其他朋友，以此类推……

　　苏珊和巴里写道，这就是"抱怨序列"。就是说，位于圈圈正中心的人可以在任何时间向其外圈的人抱怨。外圈的人只能向更外圈的人抱怨（与此同时，他们谈论的内容与不幸的事情的联系会越来越小）。

圈大的人越是不向圈小的人发牢骚、抱怨，圈小的人的状态就会越好*。这个理论说得实在是太对了，任何事情都可以套用。

当然，这个理论不仅可以让自己成为最中心的那个圈——也就是说，自己发生大事的时候可以运用此理论——也同样适用别人为主角的情况。

就像我并非在瑞士长大，并没有经营自己的事业，也没有失去亲人，我没有这些经历，但是，在此理论中，虽然我不是主角，但是外环的某个圈会代表我。如同我并不知道黑人、同性恋、变性人或者是任何有色人种的切身情况，但是我可以是以他们为中心圈的一系列圈的某一个。

所以，当往往被大家忽视的人说话的时候，竖起耳朵认真聆听吧（这其实就是一种阅读、调查。但千万不要为难某人，逼他代表一大群人说话）。

也不要向那些被忽视的人询问自己所处的境况如何。如果你想让自己的处境不错，那就少说多听，有问题就直接问。如果你是个白人，听见另一个白人说了一些带有种族歧视性质的话，你可以私底下给他指出来，或者直接问他为什么要那样说。你不属于LGBT群体，并不意味着不能同意他们提出的某些主张。

---

* 举个例子：在我还没找到伴侣的时候，许多家人和朋友都会为我担心，总是替我操心这件事。几个月后，我觉得自己的想法才是最重要的，不要去管他人的想法。

🌸 对待事情能够少一些偏见。

🌸 活在当下，不要活在对过去的悔恨或者对未来的恐惧之中。

🌸 有意识地让自己心怀感激、待人接物做到亲切。

被很难堪地卡在中间

中度

爱管闲事者会说这种话："刚刚看见凯尔给了斯科特一个大大的拥抱，不是普通的拥抱，是那种特别的拥抱。于是我四下里用眼睛找了找金，看她有没有看到刚才那一幕。因为刚刚的那个拥抱传达出的意思好像是：'嘿，这是你的男朋友，他被凯尔那样抱，你愿意吗？'"

唉，你两个最好的朋友最近发生点了不愉快。或许你心里很清楚谁对谁错（如果你的某个朋友确实做得很过分，你的立场是很公平的，不偏向任何人*），你会……

---

* 在这种情况下，你可以对朋友诚恳地说："苏珊，我是你的好朋友，我也不想让你们这样僵持。我觉得你们应该向玛利亚道个歉。"如果对方还是坚持己见，不肯道歉，那你就再次表明自己的立场，并告诉她你不是处理这件事的人，不会再掺和了。

要是确实是一方做得太过分了，甚至违反了法律，那你就更应该代表另一方的朋友表达愤怒之情。你甚至会质疑自己当初怎么和那种人成为朋友。今后要怎么做需要你自己决定。

应对策略：脱离场景法

倾听吧。这是你唯一要做的。听听她们都是怎么说的，听完之后表达你自己的想法："我真为你伤心。真的是太痛苦了。"然后就任她们发泄自己的情绪吧。有时候，她们就是需要反复地诉说自己的苦楚，说着说着就会走出来的。

要是一方针对你另一个朋友说的话实在太难听，简直不堪入耳（甚至你自己听了这些话都觉得对不起那个朋友），那你可以说……

"我知道你很生气，要是换作我，我也会很生气。但是，她也是我的好朋友啊，我不希望你如此贬低她。你还是另找他人倾诉吧。"

你也不要在她们之间传话，这只会让事情变得更加复杂——你既不是和事佬又不是联合国，没必要那样做。

要记住，无论她们之间发生了什么，只有她们自己才能使整个事件得以解决。越情绪化就会越偏离解决事情的方向，说得越多反而越不利于事情的解决。你的真心实意，你的朋友是感觉得到的。

其实，上述这种方法适用于其他类似的情形，不论是同事之间发生口角还是直系亲属之间因离婚事件而闹得不愉快。

弗兰基·贝尔*是一位在俄勒冈州政坛有着"雌狮"称号的女性。虽然她并没有谋求一官半职，但是其影响力巨大。这就是缘于

---

* 弗兰基还享有"俄勒冈州政府分支"的美誉。在我首次和她联系，询问她是否愿意接受我的采访时，她说："听着，孩子，我很愿意接受你的采访并且帮助你，但是我已经和朋友约好一起去租船游玩一两周。我马上得动身去阿姆斯特丹了。"

我问有多少人同行。她说："一大堆，大概十九个吧。"

"你怎么知道一起去的都有谁？"

"我喜欢边走边玩的人，再加上一些终于可以从工作中脱身出去玩的人就差不多了。"

朋友们，我就想过弗兰基这样的生活，她就是我的人生目标！

她认识的人多，朋友遍天下。

弗兰基对如何友好待人给出的建议十分简单又不简单。

"关键就是在他人需要的时候便去帮忙，一定去帮忙。就算是半夜别人打来电话向你诉苦，你都得陪着，甚至是邀请他们到你家里过夜。"她建议道。

看了五十多年来在俄勒冈州上演的或大或小的政坛纷争，她说，她了解到，万事都会有两个派别，但是任何时候你都可以保持谦恭待人。

"我觉得诀窍就是善于倾听。尽量少提建议，除非别人问你。"她说，"真的，别人最需要的就是一句——'我理解你，理解你的处境。'就算你并没有经历对方所经历的，但是你可以想象、可以感受到那种痛苦，然后就可以感同身受，给予他人同情以及安慰。当然，这并不意味着你必须同意对方所说的一切。"

生活的重压几乎压垮人，但要相信你撑得住

人人都不希望身处逆境，但是生活有时候就是不如意。虽然这段日子很难熬，但是你要知道，一步一步总会渡过难关、达成目标的；还要知道，就算世界对你再不温柔，你也可以控制、调节自己的心情。你完全可以温柔并且有耐心地对待自己。请记住，就算你身处暴风的中心——风眼，以致遭到最严酷的对待，这时候重要的是后退一步，仔细评估自己的每一步，确保自己朝着好的方向前进。也请你记住，在你最不如意的时候，身边有很多好心人想要帮助你，

但是不知道从哪儿下手，所以，请你毫无顾虑、毫不犹豫地去求助吧。最后，请记住，你很坚强，有能力战胜困难。就算处境糟糕，你也能够泰然处之、苦中作乐。这大概就是亲切的真正含义。

让我们以两位历经苦难却依然坚强乐观的伟大女性的事例来作为本章的结尾。正是因为她们坚持以亲切的态度优雅地面对苦难——就算有时候做不到，也坚持让身边的人带领她们继续前行——才会成为今天的她们。

希拉·汉密尔顿

在被正式确诊患有躁郁症之后的第六周，希拉的丈夫自杀了，撇下了女儿苏菲和她相依为命，她们不但身无分文，而且负债数十万美元。

在我丈夫生命的最后六周（也就是被诊断出患有躁郁症，而且无药可治）的时候，我感觉自己快要撑不住了。任何药物对他的病情都已经不起作用了，那个时候，我感觉自己的世界都崩塌了。

我们一直希望某个机构或者其他人能解决我们的问题，我们幻想这是能做到的。但是得知医疗界找不到办法治疗他的时候，我觉得自己脚底下的一切都在坍塌，我也随之坠落……

然后，我人生中第一次被恐惧感袭击，我简直呼吸不了，以为自己得了心脏病。但是我对自己说："如果我能呼吸一次，那就说明还有下次，我一定可以的。"

于是我开始关注当下，看当下有什么事情可做，以渡过眼前的难关。已经发生的事情无法改变，未来的事就交给未来——我的脑子里只有自己的恐惧和猜测。我的办法是抓住当下，看看当下能做些什么。

最好的办法就是把控制自己的情绪和主动向他人寻求帮助结合起来。

当时，我对丈夫的病情以及家庭的不幸很敏感，不想让外人知道。我母亲跟别人暗示过我们家正遭遇困境，但是我的大多数朋友都对我家的事情一无所知。在我丈夫住院以后，我再也瞒不住了。

朋友们知道情况以后，往往第一句话就是："我可以做点什么？"然后我就会告诉他们："我需要你从日托班接一下苏菲；我需要你帮我遛遛狗；或者你可以来喝杯茶陪陪我吗？"

我知道大家肯定都不愿意让别人看见自己脆弱的一面，不愿意主动向别人求助。但是，向别人求助并不是一件多么不光彩的事情。在我家发生不幸之前，我是一个非常注重隐私的人，想着任何事情自己都可以扛过去。但是，一旦意识到自己不对，我就变得相当开放了。

要是你强装自己没事，不需要别人帮忙的话，你就会对周围的人变得非常机械、冷漠，没有人性。

那就是我卸下"强装"面具的时候，而它早就该卸下了。

我想，人生的目的大概就是达到与自己完全融合的状态，学会自爱，学会滋养自己。有时候一帆风顺反而学不到什么，当你真正经历逆境的时候，才会明白这个道理。

在那段时间，我给自己制订了一个"八字诀"，直到现在，我仍然坚持着。

接受：接受你现在的处境，以及你要面临的一切。

坚强：告诉自己坚强起来，展示自己的力量吧。

感恩：感恩身边的所有人，感谢他们做的所有事。

快乐：快乐与否取决于自己。

践行"八字诀"的时候，我第一次感觉到自己可以支配自己的情绪。

生活中的许多折磨其实都是来自自身，你自己怎样看待生活中的逆境，生活就会给你怎样的反馈。我不是一个称职的妻子，没能和我的丈夫白头偕老；我不是一位称职的母亲，使我的孩子失去了父亲，但是我告诉自己，我已经尽自己最大的努力了，我全心全意爱过我的丈夫，没有留一点点遗憾。

玛丽·尼克森·约翰逊

我很开心看到玛丽小姐依然在新奥尔良的来爱德公司*上班。在大学时代，她给我的印象就是一位富有魅力、积极乐观的女性。后来我突发奇想，想去采访她，于是我对她有了更深一层的认识。

在众多光鲜亮丽的成功女性中，玛丽小姐是一位刷新我的认知

---

* 总部在美国的财富500强公司之一。

的单身女性。她是一个亲切感爆棚的人，对她遇见的每个人都是如此。她每天都是那么阳光、温暖、和善，一直如此，从未改变。

给予每一个在你生命中出现的人美好和善意。路过每个人的时候，就给他留下一些美好的东西，启发他去思考。因为理论上讲，你只能路过他一次。

我在24岁的时候结的婚，但是十年来一直没有身孕。每天我都虔诚祈祷，祈祷上天会赐我一个孩子。

最后我终于如愿了。在妊娠期间，我的状态非常好，没有所谓的水肿脚，任何不正常的现象都没有出现。在医院生产的时候，前后不到两小时，我的儿子就来到了人世。这是我的第一个孩子，叫乐福，生于1971年。第二年，我又怀孕了，生了一个健康的小男孩，叫约翰。1975年，我又生了一个小男孩，叫莱莱*。

我丈夫看到这种情况，说："我们可养不起更多的孩子了。"于是我做了结扎手术。

我向上帝祈求了一件事，但是他给予了更多。以前我流产过一次，随后就接连生了三个漂亮的男孩。上帝赐予了我和孩子们共同度过的六年时间，最后又收回了这一切。

她的丈夫在一次酒后驾车的时候发生了事故，三个孩子无一

---

* 英文原文"Too Too"，直译为"再""又"，因此在这里翻译为"莱"，谐音，又"来"了一个孩子。——译者注

幸免于难。

看着祭坛旁边躺着的三具小小的棺材，我……那种感觉根本无法言说。从北卡罗来纳州赶过来的亲友们看着这情景，不知所措。于是我亲自给孩子们挑选了葬服。

在我的孩子们离开人世之后，我也不想活下去了。我姐姐在我家陪了我一周左右，我不说话，什么也不做，就呆坐在那里。她问："你怎么了？"我说："我在等死。上帝带走了我的孩子，他完全可以带走我，我一直等着。"

一天又一天过去了，我还是在那里坐着，也没有任何死亡的迹象。医生说："怎么了？年轻人，你不会死的。你还是振作起来好好活着吧。"

于是我在周二安排孩子们下葬了，礼拜天我去了教堂。在那里，我可以找到一丝安宁。但是，有一次，当我走进教堂的时候，心生恨意。

我对上帝说："我经历了这么多，我撑不住了，你还是带走我吧。我已经受够了。我丈夫依然很愚蠢，我也受不了他了。所以，你还是把这一切带走吧（带走一切愤怒）！"最后，他确实做到了。

一天清晨，我走出家门，走到门口的栅栏旁，站在邻居和我家的栅栏交界处。突然我感到一股异常的兴奋！我特别特别开心！

我对自己说："你到底是怎么了？你失去了那么多，现在你站在这里这么开心？"

因为卡特里娜飓风来袭，玛丽和她丈夫一起离开家，去避难。回来之后，她的丈夫遭邻居杀害了。

那天是 7 月 4 日，我们在家门口吃烧烤，他说给邻居们送点。在他走之前，我叮嘱过他不要去那家，但是他没听，结果再也没能回来。

最后因为没有证据，那个邻居也没有被判刑。

自那以后，我路过他家门口的时候，都故意走路的另一边。两年之内，我没有跟他们家的人说过一句话。

有一天，我经过他家门口的时候，我开口了，当时他都震惊了。于是他告诉大家："玛丽小姐终于和我说话了。我晚上终于可以睡个安稳觉了。"

（大学生）会因为天气不好而没有好心情。我告诉他们，天气虽然不好，但也是美好的一天。珍惜当下。因为你改变不了任何事物，只能调节自己的心情。所以，何苦还要沉溺于过去的悲伤呢？

我试着珍惜现在的每一天、每一刻。对遇见的每个人，我都会以善待之，同时我也能看到别人内心的善意。

大家本应该共同努力、相互扶持。我们需要彼此，是的，我们需要彼此。但是，你也得把自己照顾好。我现在就是这样，我照镜子的时候会想："我很好，我可以的。"我内心充满了安宁、快乐以及满足。

我经历过那么多不幸，但是我现在还是好好的。

如果你已经尽力了，如果你坚持做自己该做的，不管生活给你带来什么磨难，你都可以挺过去。

所以，让我们心怀感恩与善意，迎接生活中的一切吧。不要忘记自己可以支配自己的情绪，让我们像玛丽小姐那样，乐观地对待生活吧。她是一位充满力量的单身女性，能够把一切苦痛转变为快乐。每个人都有难言之隐，但是人人也都有变苦痛为快乐的超能力，就看你是否会用。

这个世界上令人痛心的事情已经够多了，为何不选择快乐一点呢？

第四章

如何亲切待己

好啦！亲爱的！我们现在可以说说一个人吗？说一个糟糕得不能再糟糕的人？

这个人的缺点多得数不清，而且我敢保证你没有一天不在议论这些缺点，还是用最大、最清晰的声音议论。每天你都会指出他无数的缺点，有时候一天不止一次。换个角度想，毕竟你也是想让他改正，所以才不停地指出来。

你也许会悄悄对他说："你永远都不会成为你理想中那个完美的自己。你平时说的那些话证明你就是一个蠢蛋！一个十足的蠢蛋！我的天，从你口中说出来的话就像你衬衫上的咖啡渍一样，令人作呕。当然你的衬衫也是脏脏的。对你来说，肮脏是你的一个伟大的绰号，你应该叫肮脏·邋遢先生。

"还有，小小提醒你一下：你看你长得肥头大耳，再看看你那鼻子，你是不是长残了？你的'事业'就是坑蒙拐骗，受害者随时都会找上门来把你的丑恶公之于众。还有，你穿平底鞋的时候，走路活像个跛脚鸭子。"

你花了这么多脑细胞思考如何述说别人眼中的这个人，如何把这个人的缺点说得毫无疏漏，这件事情似乎比你到底如何看待这个人都重要。而且你打定主意想把话题往这个人的缺点上引，不放过任何一个讽刺他的机会，也试图在其他人那里打听他们对这个人的看法。

在这里还得说一下：这个人的所有舒适、安宁以及需求都是最后被提及的。有时候，他们的舒适、安宁以及需求是他们存在于世的唯一要事。

摸摸脖子上的项链，用手拉拉，项链上的珍珠瞬间紧紧相连：原来在你喋喋不休地谈论时，布鲁斯·威利斯早已去世，斯内普早已改邪归正，而你一直议论的那个人就是你自己*。

或者说这是以前的你，现在的你已经进步了许多。或者上面描述的那些有的是事实，有的却有点让人不敢相信。因为我只知道自己的心思，不了解别人的心思，不了解这本书面前读者的心思。虽然我很希望有一天在科技的帮助下能够实现听见别人内心的想法（当然要在且仅在别人同意的情况下才能进行此操作。那就真的太棒了！我也很想听听我家狗狗的内心独白）。

亲切就是要待人和善、慷慨；生而为人，就应当以善心对待彼此，一切的善意都是自然流露的，而非碍于面子或者其他才产生的。

如果如此解释还不够清楚，你看看这个或许就明白了：真正的

---

* 这段描述了一些令人恍然大悟的事情，就是为了烘托本章开头说的那个糟糕得不能糟糕的人原来就是自己。

亲切以及随之而来的舒适感与对别人的慷慨都是缘于内心善意自然的表露。

请你这样想一想：那些其实是对自己挑的刺儿、找的碴儿，就是一种自我批判、自虐，这样就在无形中使我们活得更艰难。不管是谁，被人说自己的不是，都会觉得不舒服，似乎这世上就没有自己待的地方，哪里都不欢迎自己。所以，接下来，我将着重讨论如何屏蔽那些反反复复批判自己的声音，面对现实，从而让自己快乐起来，让生活更有意义。

狗狗埃莉诺的内心独白

哇哦！家里来了好多人！大家都在！让我们"变换队形"，现在是"团伙时代"！大家都知道"三人成队"！虽然我重90磅*，但是我体积小，在大伙儿互相因为激动而拥抱的时候，我可以挤在大家脚底下，这种感觉真是妙极了！我真的太开心啦！我只有时不时地张开嘴巴喊叫两声才能表达内心的喜悦！呜呼！

* 约40.8千克。

"内心充满亲切的人会让身边的人如沐春风，""礼仪女王"艾米莉·波斯特的玄孙丹尼尔·波斯特·森宁说，"正是亲切使人自在。我觉得一个人能否做到这一点取决于他能否首先让自己舒适自在。"

"亲切的人往往注重和谐。"丹尼尔继续说道,"他们做事都讲究有理有据、一以贯之,给人一种舒服的感觉……有这等品质的人不可能自己身心不舒服或者情绪不稳定,因为自身良好的状态是做到亲切的基础。

"不论何时,人都要学会接受自己的错误。有失礼仪或者做错事的情况常会发生,重要的是我们怎样看待犯错、犯错之后如何处理。"

如果你不介意的话,那就一起和我跳上这列想象的列车吧!请你想象一下这样的场景:一场晚宴,哦,不,是两场,而且是同时进行的两场,就像拍于1998年的《双面情人》那样[**]。

这边的晚宴:主人打开门,很开心地邀请你进来,虽然你来得有点早,提前了半小时(哇哦!没想到交通太畅通了)。虽然他们夫妇脸上还粘着面粉,明显还没有准备好晚餐,但是脸上依然洋溢着欢笑,说非常欢迎你的到来,问是否可以帮你把外套收起来。然后,他们告诉你,如果你愿意,就去沙发那边歇着,等着尝尝马上就会从厨房端出来的鲜奶酪……主人并没有因为你的早到而出现任何手忙脚乱,相反,他们认为朋友早到证明了彼此关系亲密……哇哦!奶酪出来啦!晚宴开始啦!

那边的晚宴:你到了主人的家门口,敲了敲门,这时听见里面

---

[*] 我并没有想在本章里宣扬美国20世纪90年代的电影产业,但是,你懂的,这部电影用在这里最好不过了。除了1999年拍摄的《神秘超人》之外,这部电影是我可以不用在网络电影资料库查拍摄年份的唯一一部电影。

[**] 这部影片讲述了主人公海伦因搭上错过的地铁而开始两段不同的人生旅程。——译者注

传来吵闹声——女主人正在抱怨男主人无所事事，啥也不干，而自己却忙得要死要活。现在客人敲门了，整个屋子就像被垃圾龙卷风袭击过一般，乱糟糟的。过了好一会儿，门才打开，女主人挤出一点微笑说："哎呀，您好！真的是太抱歉了！这屋子里的味道是不是有点不好啊？让您见笑了，要是有任何不适，我一定带您去看医生！快请进！这儿有奶酪，您先来点……哎！这就是他买的奶酪？我让我家那位去外面买奶酪，他就买回来这个，真是丢天下所有奶酪的脸了。虽然不太好，您还是看着来点吧……"

请读者朋友说说，哪场晚宴会更有趣、更成功？哪场晚宴只会让人一晚上不停地解释自己哪里没有做好，如何没有招待好客人？

聚会的基调是由主人定的。不管主人准备得如何，招待得是好是坏，作为客人都会欣然接受*，不会评头论足。

亲爱的读者朋友，其实你就是自己人生这场宴会的主人，作为主人，只有让自己放轻松，在你生命中出现的客人才会玩得更开心。

想要让别人感到轻松舒适、备受喜爱，首先自己要感到轻松舒适、备受喜爱。热情待客并不只是要提供良好的环境、可口的饭菜，更重要的是要有待客的热情。这就是真正的亲切和逼迫自己取悦他人的区别，单纯地取悦他人不会产生多大的效果，而且会破坏双方的心情，进而影响聚会的结果。

所以，如果你也是像大多数人那样，对自己十分苛刻，那就从现在开始，记住对自己亲切其实就等于对他人亲切。

---

* 历史上的这种客人有奥普拉·温弗里、温斯顿·丘吉尔、维尔纳·赫尔佐格以及一些我没有记清楚名字的人。

对他人亲切首先要注意自己的言辞、注意自己的说话方式以及善于聆听他人。对自己亲切也不外乎要做到这些。

所以，花一天时间听听你自己内心的想法吧。如果身边没有旁人（或者说有人，但是经你解释自己要干什么的时候，别人觉得你不会影响他们），那就把自己内心的想法大声说出来，把对自己的所有看法都大声地说出来，比如：

你为什么不上班？你怎么这么懒？

哦，你说你患有UTI（尿道感染）？没人在意的。

你为这件事不开心？这几个月你一直为它不开心吗？可悲！

你会把这件事告诉你最亲密的朋友吗？你会告诉同事吗？会告诉自己憎恨的人吗？

我真诚地希望你不要说，因为将那件事说出来不太好，而且人际交往中说那种事情是很忌讳的。好啦，我必须提醒你，你也是个活生生的人啊。

自虐是虐待的一种。

我的朋友乔以前跟我说过一件事，至今我都没有忘记，要做到她说的那一点，需要很大的勇气，我似乎不曾拥有这种勇气。

当时，我们俩和其他几个朋友在谈论自己是如何伤害自己的。但是我的朋友乔说，过去五年来，她都把自己当作自己的灵魂伴侣、当作自己的爱人来对待。她做的一切决定都是为了对自己好，从来不会因为恐惧心理或者死要面子而做一些活受罪的事情。就算有时候她也很累了，还是觉得自己值得所有的美好相待，努力给自己最好的东西。

你永远不会抛下自己不管的。你会学习，会成长，会变化，但是永远不会变成其他人。你就是汤姆·汉克斯2000年主演的电影《荒岛余生》里唯一的同伴——威尔逊。

生活在地球上的每个人都是一样的美好，人人都有自己的闪光点，都有自己从事的工作。每个人都在努力做到最好，包括你自己。但是当事情进展得不如你所愿的时候，你就应该适时地让自己放松一下。适当的放松也有益处。通过自我放松，说不定哪天你又会战斗力满满地去迎接生活中的挑战。

"一个对自己缺乏耐心、没有同情心以及对自己有偏见的人，对别人肯定也是如此。"医学博士霍莉·B. 罗杰斯说。她是《二十几岁的人必看：如何应对压力及其他的人生技能》一书的作者。罗杰斯博士还是杜克大学心理服务治疗部的精神病专家，针对年轻人的心理，尤其是做事要用心的心理状态，她研发了名为科鲁的项目*。

"我们似乎都沉迷于用一种挑剔的眼光来看自己和身边的人，似乎这已经成了茶余饭后的一种娱乐方式。"罗杰斯博士指出，"我的学生通过实验观察自己的思维是如何运作的，看到自己有多少批判性的思想。"

罗杰斯博士认为，要制止这种思想的继续，要从不管做什么事都专心致志做起——静静地坐下来，观察自己的思维，不加评判。真的听听你的大脑在说些什么。一直如此循环往复，直到那些负面的思维不再出现为止。

"要锻炼着让自己的注意力集中在当下，放弃那些评判，没有

---

* 好啦，打住！我知道正在读书的你想要说大家都知道做事要用心，就像从小家长督促我们多吃青菜一样。但是，记住，要付诸行动。因为专心致志也是为人亲切所必须具备的品质。

必要强迫自己变得不再有偏见，这是一件自然而然的事情。"罗杰斯博士说。

她还指出，专心致志会给一个人带来内心的平静。

"如果你想过一种快乐、踏实的生活，那么你必须按照自己的价值观做事，"罗杰斯博士说，"做事专心能赋予你智慧，让你明白生命中最重要的东西是什么，而且在你浪费生命、没有把精力放在正事儿上的时候，让你悬崖勒马、迷途知返。"

当你特别想针对某事纠正自己或者他人的时候，最好不要着急，停下来想一想：我为什么要这样做？我（或者别人）真的做错了吗？纠正别人之后我会不会后悔？在你真正行动之前，仔仔细细地先琢磨一番，看看真正的问题是什么。是不是非得马上说出来？还是说那只是你脑海里面可有可无的"漂浮物"，一经你理性思维的"暴晒"，就会蒸发不见？

这里要提前敲个警钟：通过本章的讨论，证实了人们的头脑里会存在那个不友好的区域。所以，要做出点改变，虽然要从现在开始，但并不是让你一步登天，而是一步一步慢慢来，这样会有意想不到的收获。

在这里，我要隆重介绍一下布莱恩·麦克库克先生，又名卡地亚·扎莫洛奇科娃。他是一名跨性别者，喜好穿着女装。他为人幽默风趣，被公认为是世界上最友善、最和蔼、替别人想得最周到的人，但是布莱恩谦虚地说自己离最好还差得很远。

他和我一样（也和世界上好多人一样），会有焦虑、自我怀疑、自信心不足甚至忧郁的时候，但是他对付那些负面情绪很有办法。

"我把自己看作一个十分敏感的好朋友——就是那个心理脆弱、

七大天敌来了

轻率的你

（你因为大意而忘记了一次重要的约会，于是瞬间大肆自我责备起来。）

你应该对自己说：是的！大脑，我也很难过。我现在就给人家道歉，并且做点补救措施。做完了，我已经尽力了，过去的事就让它过去吧，咱们得向前看。

心怀怨愤的你

独白：唉！为什么我想拥有的东西别人都有，而我却没有？为什么别人过得都比我好？我应当过得比他们好啊，为什么？真的！

你应该对自己说：好吧，你说得不无道理。停止抱怨吧，记住，攀比是快乐的死敌。我才不会让自己陷进去呢，我要想想生活中值得感恩的五件事。

粗鄙的你

（你不喜欢某些人的时候，脑子中肯定会想一些不好的话语来描述他们，以让自己解气。）

你应该对自己说：谢谢你，大脑。那都不是真的。我现在要好好考虑工作上的事情。让那群参加婚前派对的女士尖叫着穿过大厅吧，我不再理会，正如女子组合Salt-N-Pepa所说，这都不关我的事。

拐弯抹角的你

独白：哈喽！我知道你现在在忙工作上的事情，但是我有一个问题急需解决。你脑海中是否出现过这样的画面：周五在家里看奥林匹克运动会直播，当屏幕上的高台跳水运动员、跳台滑雪或者是双杠运动员要进行高危动作的时候，突然间，不知怎的，你开始为运动员无比担心，好像自己就是电视里的运动员。这时候，此次比赛的成功与否都取决于你自己。你可以选择表现得极差，把这位运动员的事业毁于一旦，让他从小就为拿到奥运金牌的辛苦训练功亏一篑……我脑中会经常出现这样怪异的想法，很担心这种事情会真的发生，所以得提前做好准备。

你应该对自己说：好了，我知道了，大脑。

以自我为中心的你

（这里讨论的几乎是关于我们对自己的所有想法，不管是好的还是坏的。）

你应该对自己说：哦，我知道了。还是回到现实生活中去吧。

注意：可能你要一直用上面说的那句话提醒自己，只要你活着，就得不断提醒自己珍惜当下、过好现在，因为这才是最重要的。

爱管闲事的你

独白：我好想让别人按照我的想法来做事啊……我想让他们做 X 这件事，但是我还不想让别人知道这是我的意思。如果我把 Y 这件事告诉 Z 这个人，那么就会……

你应该对自己说：嘿！你不能控制别人的生活！管好你自己就好，这才是你的本职，明白了吗？

事事好胜的你

独白：你怎么能做出那种事情？我的天！你为什么要那样做？你就是个恶魔！你就应该被打入地狱，那样你丑恶的一面就不会带给别人巨大的痛苦了。你该把自己绑在火刑柱上。

你应该对自己说：哈！这就有点小题大做了。但我还一如既往地谢谢你的提醒。

神经敏感，有时候还会惹你烦的好朋友。或许最近她诸事不顺，心情低落；或许她一时半会儿从逆境里走不出来，但是你非常喜欢她。"布莱恩说，"而且我知道生活本来就不是一帆风顺的，但是要坚信明天会更好，一切都会好起来的。"

我在现实中常常问自己，到底怎样才会好起来呢？

"如果事态没有好转，那我就不再去想情况会不会变得更糟糕，至少不去想那些有的没的，"布莱恩说，"我试着对自己说：'布兰达，没事的。如果这件事没有什么可值得留恋、值得学习的，那就放开它，继续前行；如果可以学到东西，那就学完，继续前行。'"

实际上，布莱恩给自己产生负面情绪的心理起了个名字，叫布兰达。这便有了平时和自己负面情绪的对话："好的，布兰达；谢谢你！布兰达；我知道你的意思了，布兰达。"

其实，自己和代表自己的另一个想法的人对话，也是一个锻炼自己不对别人抱有成见的好办法。除非你是在静坐冥思，或者做一些关心他人和自己的事情，否则你独自闲坐的时间完全就是一种浪费。美国国务院发布了一条"旅游公告"：对于去哪里旅游本身没有限制，但是必须确保自己时刻头脑清醒，注意周遭的安全情况，不要在心理危险区域逗留＊。

他停了一下。

"不要再沉溺于过去。我之前包括现在也经常沉溺于过去，一直想回到过去改写历史。可是过去的事就是过去了，现在做什么都于事无补，难道你是魔术师吗？"他接着说道。

＊ 这句意指要保持心理健康。——译者注

哦！过去的世界是多么迷人，令人无法自拔！我曾无数次沉迷于过去世界对我的呼唤声，那种声音就像一个你讨厌的同事和卡戴珊那种"嗯嗯啊啊"的声音*同时出现在你的脑海里，很魔性，挥之不去。

但是沉溺于过去有什么用呢？一直处于对过去的悔恨之中根本于事无补！对已经过去的事情放不下，脑子一直在钻牛角尖似的想那件破事儿**（或者另外1845件让你后悔的事情），似乎只要钻牛角尖钻得够深，那件事就能改变，就像一阵清风吹过一串精美的链子，似乎我们就能变成那链子，自由地在风中随意飘扬，再也不会为过去的事情纠缠了。

我们都有一种错觉，似乎对自己批评得足够狠、足够恨自己，我们就能返回当时（犯的错误、感情出现的矛盾或者紧要关头，要是十二年前不那样做就不会是现在这个样子），重新来过。是不是听起来很熟悉呢？是不是你也经常这样想？我猜，是的。

于是我请教布莱恩是如何不让自己沉溺于过去的。

***

* 2007年，金·卡戴珊因"性爱录影带"而走红。

** 我妈妈经常把别人做了什么不好的事情叫"看你干的那破事儿"。下面举个真实事例：

当凯莉走进机场的旋转门的时候，她想着妈妈芭芭拉肯定会一起进来，因为旋转门直径有25英尺（大约7.62米），一扇门足够装下两个人。但是芭芭拉以她惯常的方式，站在门外等25秒，当下一扇门转过来，她才进去。因为在她心里，安全第一，还因为之前见过一个小孩把脚卡在电动扶梯里，所以她自己一直很小心。

她妈妈进那扇门的时候，凯莉已经进去了，在门的另一边，她决定搞个恶作剧：她按下了故障按钮。于是原本每分钟转一圈半的玻璃门变成了每分钟转半圈。于是凯莉开心地看着她妈妈被困在玻璃门扇里。她大笑起来，虽然搞鬼成功了，但起码她妈妈是安全的。

芭芭拉还没有出来的时候，凯莉就能听见她在玻璃门里面愤怒地大喊："你到底是怎么了？我的天哪！你做了什么？凯莉！再别笑了！看看你干的这档子破事儿！""看你干的那破事儿"是芭芭拉的口头禅，所以她并不是真的在骂凯莉。

"悔恨当初" 小统计

1. 做个深呼吸，然后在下面的空白处写下你做过的每一件令你后悔的事。

_____

_____

（如果空间不够用，可以自己附一页。）

2. 你怎样做才会改变发生过的那些事？ *

_____

_____

3. 此刻你能做些什么有益的事情呢？

_____

_____

4. 好！那就着手去做第三题你写的事情吧！毕竟都是好事。下面请画一幅图：你在一只巨大又可爱的水獭身上舒舒服服地躺着的样子。

---

* 标准答案是什么都做不了，或者是任何表达你对已经发生的事情无法改变的词语。

他说："其实很简单，就像逃跑一样。"在这里，我补充一下，在某些情况下坚决要"逃跑"。如果在深夜里，你通过脸书看到之前买过的股票有所亏损，或者收到了一大堆欠费的账单，看了之后，你肯定会心情低落。这个时候一定不要有任何自虐倾向的心理，要逃离低落的心情。

但是这种感觉很奇怪，布莱恩说。

"我可是出了名地喜欢沉溺于过去，但是我沉溺于过去似乎于事无补啊，"他说，"就像紧抓着一直已经死了的松鼠不放。其实应该做的就是埋葬那只松鼠，死了的不可能复活。"

已经过去的事情就像那只死了的松鼠一样，把你的注意力拉回过去，让你不在状态。但不可否认的是，只有抓住现在，你才会有所成就。

请不要误会我的意思：你可以像处理死了的松鼠那样行事，要温柔，不要粗暴。你要礼貌、温柔地对自己说："我亲爱的布莱恩，你能考虑到要是以前怎样怎样，我就能怎样怎样了*。你看，我现在正在为马上要做的工作发言做准备，所以，你看，我们能不能先不考虑那个问题了？如果非要考虑，我们可以做完发言再讨论。"

> 我们想提出一个大胆的想法，那就是让人们摆脱以前奴性般的与彼此的苟同。落实到每个人身上的时候，就是各人有各人的想法，不必和谁穿的衣服一样，也不必害怕自己的穿着过时。这样每个人都扬长避短地穿衣打扮，展示自己独特的美。和之前统一的制服相比，大家整体的颜值会大大提升。
>
> ——《礼仪便携手册大全》谈打破陈规。

---

* 因为汉语和英语的叙述方式稍有差别，所以这里采用意译。原文是说，要是以前的43件事不是那样发生的或者我是另外一人的话，那么现在我和他就能够和平相处了。——译者注

你可以在沉溺于过去，无法自拔的时候，反复练习上面的方法。因为在那种时刻，你脑子里对别人或对某件事的看法不一定是准确的。就像之前提到过的做事要专心，你也可以练习让自己专注于当下。

让你"大开眼界"的趣味小实验（为时一天）

下面是这个实验的步骤：

1. 准备一个活页笔记本。

2. 给这个笔记本起名叫"关于那些破事儿的想法"。

3. 前一天晚上把这个笔记本放在你的床头。

4. 不管是白天还是晚上，直到你睡觉之前，将你脑中所出现的每一个自责或者负面的想法，都记录在笔记本上打个钩。

5. 算一算总共有多少个勾。

6. 想一想这些想法对你的生活有多大帮助。

7. 撕掉那张纸。

8. 在笔记本的扉页上，把之前写的"破"字画掉，改成"好"字。

9. 用这个记录"好事儿"的本子，把生活中美好的事情记录下来（就算只写两句话也行）。

在净香·贝克*的《每日禅宗》中介绍了两种思维方式。

---

* 净香·贝克是美国著名禅宗大师。我祖母信奉禅宗，曾经拜她为师。现在我的祖母已经过世，她的书籍都在我这里珍藏着。祖母在读书的时候，会在旁边放一根铅笔，在自己喜欢的语句底下做标记。要是真的有一句引起了她的共鸣，或者写得非常好，她还会在那句话旁边画一个小小的叹号。

"其中一种是我所谓的'技术性思维',用这种思维方式思考问题完全没问题。因为我们在从一点走到另一点、烘焙糕点或者解决物理性问题的时候必须利用'技术性思维'。但是另一种思维方式就不一样了：人们的观点、意见、记忆以及对未来的憧憬等等，百分之九十都是头脑中的幻象，而和事实联系不大。"

她还指出，两种思维里面只有一种能真正协助人们完成一些事情。

"不管做什么事情，都应该全力以赴、专心致志。"她在书中写道，"比如我要清理烤箱，那我就应该全心全意地去清理，就算知道有一些不愿意清理的思绪会出来捣乱，我也得去清理。"

平时在清理烤箱的时候，我的内心活动是这样的：天哪！太恶心了，这是烤箱吗？这简直就是烧焦的面包做成的石笋。怎么会变成这副模样呢？为什么这只烤箱变得如此肮脏？为什么非得是我清理烤箱呢？我能找别人来清理吗？世界上为什么会有清理烤箱这件事情？烤箱非得要清理吗？也许把这块破铁扔了，我就不用被困在厨房里干这事儿了。要是我有勇气扔烤箱的话，我早就开始着手推倒父权主义了吧……

净香告诉我，不能这样，这样是不对的，还是乖乖把烤箱清理干净吧。

如果你也和我一样，有时候做一件事感觉特别困难，特别不想做，你可以采取净香的另一个技巧，那就是把你脑海中的想法看作你的内心独白。

"我老想着过去；我现在脑子里唯一想的是我好饿；我老想着自己要怎样要怎样；我老想着哪件事没有按照我的想法来；我现在

亲切之理论
——桃乐茜·布坎南·威尔逊

桃乐茜·布坎南·威尔逊现任阿尔法·卡帕阿尔法妇女联谊会即AKA姐妹联谊会的总裁，她也是一个有名的女强人。只要走在路上，人们都能感觉到她的威严与温暖。当我第一次见到她时，她刚刚结束一次非常成功的会议，并把目光转向即将到来的下一次国际大会——这场大会将吸引约三万名女性前往亚特兰大。桃乐茜做过多年的高管，现任美国一家信用机构*的副总裁，负责监管投在威斯康星州和芝加哥项目的两千五百万美金。她还设立了两种奖学金，而且获得了文学荣誉博士学位……真该为她的事迹和成就写本书！如果我把她的所有成就都写出来的话，肯定会写出厚厚一沓。可以毫不夸张地说，你能想到的每一件令人钦佩的事情，她都很有可能做过。

我觉得，亲切的艺术并不是把简单的事情做好，而是在重压之下、在艰难的条件下依然能够不失优雅、出色地把事情做好。

在我看来，居住在地球上也是要付出代价的，那就是要服务于他人，而且我们有义务珍惜机会去回报他人、回报社会。

我是我们这个大家庭里所有孩子（包括其他33个堂/表兄弟姐妹）中第一个上大学并且顺利毕业的人。此外，我的这些兄弟姐妹中有不少最后重返学校、完成学业，也拿到了高学位。

---

* 一个为残疾人提供求职以及社区服务的机构。——译者注

在很少有女孩子读研的年代，我拿到了硕士学位。当时，我是班级里唯一一个女孩，有一半男孩都对我不认可。但是我具备他们所没有的东西：吃苦耐劳、坚韧不拔以及目标明确，我深知自己想要什么。

我的人生格言就是，以革新来改变周围人。不要满足于做前人做过的事情，要思考如何才能做得更好、更高效。我做每一件事的时候，包括日常生活中的事情，我都在想，怎样才能做得比以前好？有没有留下我做过的痕迹？怎样做我才能指着它说，看，这是由我改进的？

最后，我才发现并不是什么时候都可以由我做主，有时是因为我是有色人种，有时是因为我的性别。所以，我时刻都在准备着，抓住身边每一个机会去做出改进。

如果你为人亲切、待人和善、彬彬有礼，大家肯定都会在你困难的时候帮你一把。但是，如果你低俗下流、粗暴无礼、飞扬跋扈，大家会愿意帮你吗？要记住，你若盛开，蝴蝶自来*。

我习惯把自己收拾得落落大方、英姿飒爽，因为我想让人在我走进大楼时一眼就看出谁是负责人。

---

* 这里原文直译为"蜂蜜比醋更能吸引飞虫"。

除了生气，什么也不想；我老想着自己要怎样要怎样……"

净香说，你把自己脑子里的想法说出来，就像上面的例子一样，你就会觉得这些想法实在太无聊了，你就再也不想把那些东西装在脑袋里了。

"毕竟，谁都不愿意看已经看了五百遍的电影。"她说。

丽兹·波斯特是艾米莉·波斯特的曾孙女，曾经是我喜欢的名人之一，现在我们成了好朋友（！！！）。她说，在自己心情不好或者怀疑自己的时候，她就喜欢静一静，仔细想一想自己到底在干什么。

"比如说，我在单身很久之后——这是个挺私人的话题，想找人生的另一半但是又一直找不到，我就开始怀疑自己是否有爱一个人的能力，是否能对异性产生好感，"她说，"这时候我就会胡思乱想：也许时机总是不对，也许我根本不会找到那个人，也许我会一直单身下去，孤独终老。

"我的那些胡思乱想把我拉回了现实，拉回了没有对象、还是单身的现实。自我怀疑就是疑虑和恐惧，而疑虑和恐惧往往不是真的。所以，我的生活到底是什么样子呢？

"多年来，我也有过美好的恋爱经历，但是没有一个人最终成为我的人生伴侣，或者与我走向婚姻的殿堂。因为我觉得不合适，这些都是我自己的选择。在生活中做决定的时候，一方面要不为负面影响所惧，另一方面要保持谦卑、理智。所以，在这些感情经历中，我始终坚信自己的感觉，一切从自己的感觉出发。"

有一种思维永远亲切、有用，那就是："我能为别人做点什么呢？"

有了这种思维，整个世界，包括你自己，就会变得更加美好。它能使你从自我怨恨或者自负的心理泥潭中走出来，使你变得更强大。其实这种思维才是真正有魔力的思维，它就像治愈人们"心灵皮疹"的良药。

这里需要注意的唯一一点是，你自己的需求（不是恐惧）是真实的，但是别人的需求和你的需求同样真实、重要，值得仔细聆听。

如果你的朋友正在发高烧，已经烧到38.8摄氏度了，你还愿意让她拖着高烧的身子办原定由她主持的晚宴吗？如果你朋友的老板要求她每周工作70小时，但是只发40小时的薪水，你会鼓励她勇敢站起来，为了维护自己的利益、得到工作中应得的肯定与价值，以恭敬的态度反抗老板吗？如果你的好朋友一直在犯同样的错误，你会置之不理还是帮她一起想办法？

把自己看作一个自尊且值得敬重的人，会让你更容易成为更好的自己。这样会让你在不伤害他人利益的情况下也能坚守自己的想法。当你在一天结束的时候，躺在床上回想你的一天，你都是按照自己的人生准则和价值观行事的。这样的思维方式能够让你以旁观者的视角看待自己的处境。虽然某一刻你心情不好，但是不可能永远不好*，一切都会好起来的。而且，这时候，除了糟糕的部分，你还能神奇地感受到其他积极的东西。

---

* 这是一个众所周知但很少有人认可的事实：某种心情不可能一直持续下去。人们有时好像陷在一种心情中，无法自拔，其实永远不可能保持同一种心情。除非是在你打开跑车引擎盖的时候，突然有一只负鼠跳出来吓你一大跳——这种恐惧给人留下的印象是持久不散的。我就遇到过这种情况，当时有只负鼠跳出来，弄脏了我的头发，至今我想起来还心有余悸。

如果你遇到很有自知之明的人，那就太幸运了。这样的人不以物喜、不以己悲，只求自己内心的那片安宁。

你也可以成为这样的人，这并不是不可能实现的。前提就是要肯花工夫苦练，只要苦练，你就会成为那个能够在海洋上经得起惊涛骇浪的巨轮。这艘巨轮上有四个大烟囱、许多高档的柚木椅子[*]。真的太棒了！你就是胜利者！

---

* 顺便说一句，我真的很喜欢巨轮。

第五章

如何亲切待 "家"

有一次，我告诉妈妈我（当时的）男朋友的房间收拾得多么整洁*时，我自己都被震撼到了，但是我妈妈只是简单地点了点头。

"对呀，"她说，"荷兰人都很会收拾屋子。"

听了这句话，我很是开心。原因之一是，对北欧国家整体做出这样的褒奖，说他们收拾屋子很有一套，对我也是一种嘉奖**。

我第一次觉得"会收拾"这个词语这么不简单！——简约但不简单。我从此便爱上了这个词语并乐于使用。

我不敢把我妈妈对荷兰人都会收拾屋子的说法套用到其他所有荷兰人身上，但是我觉得她说得很有道理。迷恋郁金香的人可能也会坚持整洁这一习惯。

而我却是一个从来都不会收拾屋子的人。我一般都是提起收拾

---

* 我没有骗人！当时他才22岁，并且家里布置着老式壁灯。

** 我当时的男朋友本不是纯正的荷兰人，他是个混血儿。也许是他身上的荷兰血液让人觉得他很会收拾屋子。

屋子就头疼，提起收拾屋子就绝望，就感到羞耻，就会疑问为什么家里有那么多果蝇。天哪！果蝇太多了！现在我嘴里都有了，因为我一直在大声嚷嚷为什么我要收拾屋子！对，我就是这么不会收拾屋子。

但是现在大不一样了，我喜欢收拾屋子了。我喜欢每次走进家门的感觉，因为这是我收拾的成果，而且在和果蝇的持续冷战中我也学到了不少[*]。

当然，主要是因为走进家门，看着自己收拾的成果，我觉得应当好好收拾屋子，要把自己的家收拾成一个我爱的小窝。

还记得在前面每一章里，我几乎都说过不要试图去改变别人的生活、别人的习惯吗？还记得我说过生活中发生的大大小小的事情都不受你的控制吗？还记得我总是强调我们能做的只有自己能力范围内的那一点点吗？

你的房间是属于你的，它归你管。所以，你一定要好好打理自己的这片空间（可能也是这世界上唯一归你管辖的区域），把它收拾成自己想要的样子。即使你现在还不甚喜欢自己的这片小天地，那么基于以下几个原因，我想，你日后也会喜欢上它的：

1. 在晚上睡觉的时候，是家给你温暖舒适的环境。

2. 你所有的财产都在家里，家里充盈着爱。

---

[*]　其实就是不要把水果果肉裸露在外。这么做似乎很简单，但这是家里果蝇很多的人需要知道的一点。我的朋友金还告诉过我一个窍门：不要把番茄酱扔到厨房的垃圾桶里，那样也会惹来果蝇。

3. 在通常情况下，你不会邀请你不喜欢的人进你的家门。

4. 家是唯一一个让你可以随意穿着的地方，是你可以放声哭泣、可以喊叫，也可以因为气愤而摔东西的地方，还是一个你可以说任何脏话的地方，家会容忍你的一切。在家里，你可以看完每一集《大胖妞的美式吉卜赛婚礼》，也没有人笑话你[*]。

在家里的亲切和在其他任何地方的亲切没有什么两样，都是说起来容易、做起来难。你需要不停地练习。要做好眼前的每一件事，不管是来了一位客人需要你接待，还是面对一堆脏衣服需要你清洗。对，这两件事对你来说都很容易，但是我建议你多花点时间做得更好一点。既然这堆衣服都得叠起来，为何不在每一件衣服上多花那么几秒钟，把它们叠得更整齐一点呢？

环境对人的影响不可小觑。如果你的房间赏心悦目，眼前都是你喜欢的东西，你就会形成一种良好的习惯，看到不顺眼的东西，你自然就会注意到并处理好。但是，如果你的房间并不像前面说的那样整洁，眼前的景象可能是这样的：衣橱里怎么有一单只袜子丢在一边？其他的去哪儿了呢？此时你就会想：我多久没有好好欣赏我家墙上那漂亮的挂坠、雕塑、度假买的小纪念品了？

> 如果你去别人家做客，发现女主人一直警惕地看着你，害怕你把哪件家具弄坏，我相信你的心情也不会很好。
>
> ——莱斯利女士谈为何买家具就要买耐用的。不要买造型时尚、洁白无瑕的沙发，因为这样难免会担心别人会不小心弄脏。

---

[*] 剧中的那些裙子真是太漂亮了！我不怕别人笑话我，我很喜欢那部剧。

亲爱的读者朋友，我希望你能爱上自己的小窝。要是你家本来就收拾得井井有条，或者说你本来就熟谙待客、拜访之道，那就请你跳过本书的这个部分吧，或者放下书，去院子里欣赏漂亮的绣球花吧，或者做其他事——你的心呼唤你去做的事，我就无从知晓了。

我之所以要写这一章，是因为，虽然我很爱自己的家，但是我做得还不够，要做的还有很多。

邋遢女士忏悔时间

我从来没有收拾屋子的天赋，根本没有。在我小的时候，我自己的房间里经常是书本画册成山、还没吃完的糖果和包装纸遍地。就算是现在，我还在时不时提醒自己，不要把没吃完的泡菜碗忘在床底下，甚至隔一两天才想起来。

洗碗池的碗堆积如山，狗狗埃莉诺的毛也没人打理，都快成风滚草了（真的！看起来就像团成了团，每撮毛都有20厘米长）。到处都有掉落的狗毛缠绕在一起，让人无处下脚。有时候，我床边的脏衣服摞得成了"大草垛"，摞到一定程度掉到了地上，就成了"地毯"。就在昨天，我在脏衣服篮里面找东西*，听见一阵咔咔的声音，最后在里面找到了一包没吃完的奇趣多（膨化食品）。这件事

---

* 我绝对不是找能穿的衣服！我绝对不会在脏衣服堆里找衣服穿的。如果你这样暗示我，我会感到受到了侮辱。

该是布朗家族2016年9月份的奇葩事吧。

不整理房间，任凭垃圾成堆的话，除了自己感觉不甚舒服，还不想让别人来家里玩（要是突然有客人拜访，那就糟糕了，还得把所有东西胡乱塞在抽屉里、柜子里……）。

面对这种状况，我的策略很简单，就是看着房间里的每一样东西问自己下面的三个问题：

1. 我喜欢这个吗？（是的，我喜欢这个开瓶器，因为它什么都能打开。）

2. 我为什么还要留着这个？仅仅喜欢是不够的，它还得有用。

3. 这个东西又是从哪儿来的呢？

因为我是一个万物有灵论者，觉得每件东西都有自己的灵魂，所以我觉得自己有义务照看房间里的所有东西。哦！这瓶指甲油怎么孤零零地在这里？我要帮它找到它的家人，把它们放在一起，不再让它们担心。于是我把这瓶指甲油放在了指甲油盒子里。我会按照这种方法把所有物品都归类放好。我不喜欢离开家的那种孤单，所以我不会让家里的物品也和它们的"族人"分开，这些都是我应该做的，做完之后我就会得到一种舒适感和归属感。

充满亲切感之家的"该"与"不该"

应该的	不该的
惬意	一尘不染
有爱	简约
整洁	无创意
舒适	阴森
有生气	东西堆积成山
趣味多	不干净
	令人压抑

　　我采访过贝弗莉·吉安娜*——她是一个全职志愿者，在一家公立医院担任投诉报告接待员。我曾问过她，面对每天工作中无数的邮件、电话以及短信，同时还要保持自己正常紧张的私人生活，她

---

* 　贝弗莉·吉安娜是一位非常传奇的女性。小时候，我经常听母亲说起贝弗莉的事迹。在20世纪80年代，母亲和她一起在新奥尔良的一家公关公司上班，贝弗莉就是我们全家人的榜样。因为她不仅工作出色，而且为人风趣幽默。

　　我一直没有见过贝弗莉本人，因为写这本书才有幸见到。虽然这么多年过去了，但是见面不到半分钟，我就感受到了她的个人魅力，明白母亲为何经常把她挂在嘴边了。她提前跟我表示歉意说，见面的时候她的手机会时不时响起，身为医院的投诉报告接待员，她需要接听这些电话，需要和患者家人沟通，确保患者受到良好的照顾。同时，她还要负责一些调查与协助工作。

　　贝弗莉是那种闲不下来的人，她家的房子里外都被打理得井井有条，家门口的玻璃擦得干干净净，屋内屋外的植物都是生机勃勃的样子。一看到她家的情景，我就为之一振，心想："啊！真是日光浴室！"幸好这句话不会被她听见，谢天谢地！

是怎么做到的。

她回答："哦，我也不知道。但是我认为这就是家务。曾经也有人问我是怎么把家里打理得如此整洁的，我觉得那只是把所有东西都收拾妥当而已。我从来不会乱扔一件衣服，都是挂得好好的；从来不会把一堆文件乱放，我会整理好，看哪些有用、哪些没用，把没用的扔掉，然后把有用的叠整齐放好；我会把鞋子都擦干净，放在鞋架上。"

你的物品

亲爱的读者，我不了解你的心情，不知道你此刻在想些什么，也不知道你生命中最美好的时刻是什么时候，更不知道晚上能令你从梦中惊起的可怕东西是什么。

但是，有一件事我是知道的：你的东西太多了。

我之所以这样说，是因为几乎每个人都有太多的东西。我知道，虽然我们生活在经济发达的社会，但并不意味着我们要对一切招之即来、挥之即去。有些东西确实是我们需要的；有些东西很漂亮，自己很喜欢，所以不想交易掉；有些东西是祖传的或者是生命中很重要的人送给自己的，或者是因为一些不能说的原因，我们不愿意扔掉。

你可能看过一本书，因为这本书很有名，几乎人人都知道，那就是日本"家政女皇"藤麻理惠的《怦然心动的人生整理法则》。多年来，我一直拒绝看这本书，避之如瘟疫，因为看过这本书会让我觉得自己在这方面表现得很糟糕。

但是，事实并非如此，这本书其实非常精彩，它让我特别愉快地对自己的所有物进行了整理。

在这里就不赘言书中所讲的内容了，但我还是要强调一遍，对于你不喜欢的东西，就不要再保存了。对于那些你已经不在意的东西，还是处理掉吧。

处理它们之前对它们曾经提供的服务表示感谢，然后就果断处理掉吧，或捐献，或回收利用，甚至弃之不理。

弗吉尼亚·普洛斯基（你还记得她吗？第一章里面出现过）住在我老家路易斯安那州卡温顿市的庞恰特雷恩湖畔。弗吉尼亚也是一个很会收拾屋子的人，而且不是等客人要来了才急忙收拾。她觉得收拾屋子是一件有趣的事情，干净舒适的居住环境也使自己很开心。

　　弗吉尼亚说："我到处逛，买合适的物品。我对环境的要求是不能过于有序——简单才是要点。房子本来就是给人带来温暖、舒适的地方，要是有客人来，我就坐下来好好待客，不忙其他事情了。这一点是我多年以来悟出来的。世界本就喧闹，难道还不能让自己的家成为一个舒适的港湾吗？

　　"我还记得当我儿子汤森德和你还很小的时候，你们两个在我家玩，两个小孩爬来爬去。这时候我父亲开车来我家了，记得当时我说：'我得扫扫地了。'我父亲说：'等我走了你再扫也不迟。'我当时没听，可现如今呢？父亲已经离开人世，真的走了。我好后悔自己当时没有珍惜和他在一起的时间，还在那里忙着扫地。"

　　在这里，我想提一个小小的建议，虽然对于营造一个舒适的居住环境来说，这个建议还远远不够，但也十分重要，那就是要乐其所居。就像我朋友卡罗尔·卡普兰说的，重要的不是家里的东西相配，而是家是否匹配你，家里的东西是否匹配你。

　　还记得诺拉吗？她是一位天使般、女神般的人物。本章还会再次提到她的，也会提到她的母亲玛丽·简·默雷尔。采访她们两个的过程实在是太有意思了！因为她们无一例外地告诉我应该去采访对方而不是自己。她们真的可以上热搜话题"母女目标"了。

　　当我问到诺拉她是如何把自己的家弄得那么漂亮时，她说：

"哦，天哪！谢谢你的夸奖！我只是会想一想，要是别人走进我的家门会看哪里呢？如果他们走进客厅，他们会注意哪里呢？我就以此来整理我的房间，保证客人会注意的地方赏心悦目。"

所以，让我们暂时假装自己是客人，到自己家里做客。敲门，打开门。映入我们眼帘的是什么？怎样才会使眼前的东西赏心悦目？

如果你的家是纽约公寓中的一套，打开门看到的是厕所的背面，那就把厕所背面修整得赏心悦目。

玛丽·简也认同这种做法。她说，就算家里再乱，都要把门前收拾得干干净净。最起码别人看了心里舒服。

"我觉得，一个有亲切感的家，就是一个干净、清爽、有爱的家，而且是让你觉得坐在哪儿都很舒服、不会把东西搞乱的家。"玛丽说，"就算不是那么精美如画，但起码给人感觉很舒适，就像花瓶里插着的鲜花——富有生机。"

除了玛丽，本章里我采访过的人都无一例外地在房间里养花。刚开始我对此很疑惑，最后我明白了养花的三大好处：

1. 鲜花清新自然，并且气味芳香。

2. 没有人不喜欢鲜花，所以鲜花也是房间的一个亮点。

3. 鲜花可以营造优雅温馨的氛围。

"鲜花非常重要，"弗吉尼亚说，"在门前的花园里种些花草，待它们长大后移植到室内。如果散步时在路边看到了香蒲或者什么野花的幼苗，我就会把它们带回家种植。这些花花草草都很漂亮，既然上帝安排你看到了它们，那就应该珍惜并欣赏它们的美。"

当然，我知道种花种草需要一定的花费，而且不适用于每个人。不过，如果你家有院子，你在路上发现了花草幼苗，但是那里不适宜它们生长，你就把它们带回家，种在院子里吧。

冬天，我会到外面去采集一些花旗松树枝、冬青树和红莓枝子，带回家里养；春夏两季，如果没有别的可种，我家院子里会有蒲公英。要是你喜欢，也可以添置些花瓶练习插花。

"美"的捍卫

对女性来讲，"美"这个词的含义确实丰富。一说起"美"，人们很容易只看到它的表面意思，只顾追求物质上的满足，而不注重真正重要的东西是什么，认为满足就是美。

就像对一套漂亮的老式沙发的欲望已经占据了你本应思索如何争取正义的内心；如果你不买这款靠枕，大可以把时间和金钱花到非洲撒哈拉以南缺水地区的掘井项目上；很显然，后者都是更高尚、更伟大的事情。如果你发现自己每天只想着自己喜欢看的东西，对其他人缺少关注与同情，那么，我猜，你绝对会重新权衡人生的优先事项。

没有人会觉得美食不可口、好听的音乐不动听；没有人会不愿意出人头地；没有人会拒绝好闻气味的吸引。为何要把创造这些美好的东西描述得那么不堪呢？

世界上本就存在很多丑陋的东西。不管是环境的恶化还是残酷的战争，躲避这些丑陋的东西都不是亲切的做法。因为这说明你宁愿不管不顾，也不愿面对现实——战争涉及的可是同胞的性命啊。

所以，要在自己所经之处尽量多地创造"美"，在乱世当中创造秩序，看到事物原本的美，并为之欣喜，当你凝视时，请面带微笑。

插花小技巧：注意绿色枝叶的搭配，这样不仅可以使整个花瓶看起来色彩丰富、外形更加美观，还可以让鲜花存活得更久一点。

我还发现一点：只要我进入房间，一定先找地方坐。可能是因为走累了或者站累了，我甚至想躺下来。劳累了一天，没有比回家放下一切负担，舒舒服服地休息一下更好的了。

更重要的是，家里所有的座椅都给人舒适的感觉。就像La-Z-Boy（美国家具商）的座椅，给人舒适的感觉，而且柔软，高度可调节。贝弗莉·吉安娜家就是如此，房间全部粉刷成温馨的黄色，室内光线充足。窗户宽敞明亮，透过窗户，花园里的景色尽收眼底。室内放置着许多盆栽，所以，人在室内，仍有一种身在室外的感觉。

"我喜欢那种漂亮又不失大气的地毯，比如亚麻制的，显得自然又耐洗，而且可以很好地衬托其他家具的颜色，"玛丽·简说，"最好的一点就是，它是可水洗的。要是有人不小心洒上了什么东西，我把它拿去一洗，它就又焕然一新。而且亚麻材质越是褶皱、越是陈旧，看起来就会越好看。"

所以，在你置办家具的时候，可以先问问自己：这个够舒服吗？这个越旧看起来越好呢还是一点点污渍就会毁掉全部？这个是否适合搭配一些小饰品？

玛丽·简是一个在生活中处处留心的人。她不墨守成规，她的灵感都产生于平时的所见所闻。如果喜欢某种线条或者颜色的搭配，她就会把所产生的灵感运用到自己家

> 作为主人，最大的目标就是让客人有宾至如归的感觉。这样的话，客人就不会因你忙活的身影而有任何生分之感。
>
> ——《礼仪便携手册大全》

里的布置上。

她说，几十年来，她一直喜爱墨西哥民间艺术，于是用一些较亮的颜色装饰了室内。现在她又爱上了法式装修风格，色彩上较淡一些。所幸她家的家具适用于多种装饰风格，可以匹配前面两种不同的风格。

"装饰风格的潮流不停地变化，所以，我觉得最关键的就是家具的合理置放，能够空出一个固定的聊天场所，其他东西可以随时调换。"玛丽·简说。

玛丽·简和诺拉都有一种超能力，能把像桌椅、大衣柜、梳妆台或任何材质坚硬的家具改装得令人眼前一亮。秘诀就是粉笔画。

"这是最巧妙的一种画法。"玛丽·简说，她用"最巧妙"这个词语来形容这种装饰风格，令我更加崇拜她了。

"在下笔之前，你不需要做任何的磨光或者上底漆的工作。粉笔画很容易上色，而且色泽饱满。你可以去慈善店买些粉笔，花不了多少钱，然后把你的作品呈现在家具上，看起来很高级呢。"

我个人不觉得粉笔画多么好，因为我平时更倾向于喷漆。就像安娜·温图尔*对时尚元素的倾向一样。如果外科医生要将我开膛，看看我心脏里面到底有什么的话，可能会看到我的某个心室满满地装着我对喷漆的热爱。

有一次，我和朋友一起去参加喷漆创意俱乐部，当时，他很淡定而且确切地指出，我已经给同一件东西喷第二遍或第三遍油漆了。但是，看到我很开心，他也很高兴，他小声问我："是否可以

---

* 《时尚》杂志美国版主编。——译者注

稍微暂停一下，不要一直给那件家具喷漆了，要不然它会变成复活节彩蛋那样的颜色了。"

但是我就是控制不住自己。如果我有八千万美金，而且只允许在高档家居店买家具，天下若有这等好事，我当然会买一套上好的家具啊。但是，这只是如果，不是现实。我只能登录克雷格网站或者去友善商店购买物美价廉的家具，再买些喷漆＊，自己动手。

给家具喷漆是一门非常简单的艺术，直接在木制家具上喷上你喜欢的涂料就好。比如家里的梳妆台材料非常好，但是颜色有点脱落，这时候喷漆就有用武之地了。你唯一要操心的就是家具的线条以及风格是否符合你的审美或者你家的布局＊＊。

掌握了喷漆技术，就可以令家里一些老旧的、颜色不甚鲜艳的家具焕然一新。比如门框、窗框颜色暗淡了，床头板的颜料被划掉了，等等，只要你想做，就可以使它们焕然一新。

"家"如其人，一个充满亲切感的家，并不是单纯地让人觉得

＊　我讲一个和喷漆有关的真实故事。我一直想买一双特别昂贵的黄褐色长筒靴，但是买不起。有一次店里打8.5折，我就买下了。美妙的三周后，这双靴子被不小心洒上去的牛油给毁了，一个又一个皮革清洗店员说我的靴子没法清洁，建议我扔掉，再去买一双。

那些人没想到，我可以利用喷漆拯救了自己的靴子。我想，既然要扔，还不如用喷漆试一试呢。之后，这双靴子由它原本的浅蓝、浅灰混在一起的暗淡颜色变得金光闪闪，非常漂亮。每次我穿它出去，人们都会问我这双金色靴子是从哪儿买的。我微微一笑，说这是喷漆的杰作。

如果你也想自己打理自己的靴子，达到和我一样的水平，我建议你把靴子上不想上颜色的地方用不透光带遮住，每月喷上一次漆或者按照你觉得合适的频率来喷漆。

如果你是电视节目制作人，看到了这个故事就想拍一个系列节目的话，我完全同意。我也非常愿意做主演，我可以给人们提供解决难题的方案，当然还会用到我的神器——喷漆。比如拍个《喷漆小姐来救你》或者是《生活中必不可少的喷漆技术》。

＊＊　家具越重越好，不要一经猛的晃动就咯吱咯吱响。

光鲜亮丽，还会让人为之吸引，驻足欣赏，而后和其主人攀谈。

如果你对喷漆技术感兴趣……

在你喷漆之前，先把要喷漆的对象清理干净，尤其要清理那些"重点部位"。玛丽·简说不需要磨光，我也从没专门叫匠人来做打磨工作。但是，我觉得用那种柔和的磨砂纸轻轻地擦拭一下要喷漆的家具，效果会更佳。需要注意的是，磨光之后要把那些细沙碎屑处理掉，而且一定要确保家具表面干燥。

对于所有的上漆工作——包括涂指甲油——你会非常注意涂抹得是否均匀、饱满，在涂抹的过程中就会很注意把握时间。对于喷漆，道理是一样的，等待的过程也很耗费体力的，所以我强烈建议使用小喷枪，这样拿在手里比较方便，也不是很累。除此之外，亲爱的读者朋友，我建议你上网搜索，网上有很多关于喷漆的建议——但是也没什么用处，毕竟这是一个要动手而不是纸上谈兵的活儿。时间就是生命，所以，请珍惜你的时间，把学到的东西尽量付诸行动，这样才能看到实际的效果。生命是用来体验的……对我来说，还是用来喷漆的[*]。

在我卧室的墙上挂着一些东西，它们看起来并不特别搭调，但是其中每一件都有自己的故事。有几张大照片是我在"美国小姐"竞技表演俄勒冈州分赛区照的^{**}；另一张是圣诞夜我祖母在飞机上品

***

[*]　如果你是我的话。

^{**}　这是一段经历，这段经历太棒了！参加竞技表演的小姐姐们真的是太棒了，我爱她们！

巴卡第*的照片**；还有一个陶瓷天使雕像——她巨大的臀部托着一大堆水果，这是当时未来的公公婆婆在西西里岛旅游的时候带回来送给我的西西里传统礼物。

看到这些东西的时候，我便心生愉悦。因为它们会使我想起我喜欢的人、喜欢去的地方，是它们让我知道我是谁、我是怎样的人。客人到访的时候，可以通过它们对我有所了解，找到契机开启某个话题，为此次到访设定基调。

如果我走进一个布置着漂亮有趣的东西的家时，肯定十分开心。看到一块新奥尔良市的金牌，我会问是谁赢得的、是怎么赢得的；看到一张拍摄于20世纪40年代的照片，我会问站在飞机螺旋桨旁边的那个漂亮女士是谁、她正站在螺旋桨旁边干什么。

我说了这么多，其实就是想告诉你，不要因为宜家有那些好看又不贵、批量生产出来的装饰品，就把它们买回家（除非你特别喜欢）。装扮房间是一项终生的工程，并不是一时半会儿就能完事的。在外出旅游的时候，买件印刷品或者艺术品留作纪念；把自己徒步旅行途中的美景拍下来留念，虽然这张风景照对别人来说不代表什么，但是对你来说很特别、很重要。把自己生命中的经历都珍藏起来，想一想如何把它们布置在房间里面，这样你就可以随时回忆起那段经历，或者在与别人聊天的时候提起那段经历。

---

* 古巴产的一种朗姆酒。——译者注

** 我祖母爱喝酒，腰包里经常装着酒瓶，有时里面装着酒，但大多时候装的是水。她说，小酌一口能滋润她的嗓子。有时候在超市排队时，她也会拿出酒瓶喝上两口，旁边的人看呆了，她也喜欢看大家看呆的样子。

装饰VS凌乱

哦！多么希望我的每一样东西都在我目力所及的范围内啊（除了我的脏衣服）！

看着我的窗台，脑中就出现一个细小的声音："虽然窗框看起来没有什么大问题，但是你往窗框上挂几件小东西难道不是更好吗？小时候的玩具可以，2007年圣诞节袜子里面的小礼物也可以，或者挂一些丝带。人终有一死，但为何不活得更精彩一点呢？啊！太好了！呃，你在窗台上放的那些东西掉了，你就得捡起来，掉了又捡，捡了又掉（是的，把它们捡起来，又掉了，再捡起来）……真的要这么没完没了吗？"

我无法解释脑子中的这个声音，但是我可以普及一下玛丽·简的一个小窍门，它其实是玛丽的朋友哈里说的：12英寸（大约30厘米）规则。在装扮房间的时候，最好不要安置短于12英寸的东西，因为小东西太多的话，房间就会显得乱糟糟的。

但这只是粗略估计，并不是说必须拿一把尺子把房里的装饰品通通测量一遍。

"如果把小东西收拾到一块儿，那也很可爱，"玛丽·简说，"如果你把小东西分类放好，也可以给整个房间增色不少。"

这确实是大实话。但是如果有人像我一样喜欢在窗台上堆满东西，甚至开窗都困难的话，那么请记住：控制也是一种美德。

还有，不一定所有的东西都必须陈列出来。卡罗尔·卡普兰说过，她喜欢把东西有规律地放出来一些，把外面的东西收一些，这样就能保持新鲜感。

灯光

众所周知，如果世界上没有光，我们就什么也看不见，更不用提室内装潢的必要性了。请你想一想，如果没有光，所有的室内装潢都是靠触感来辨认，那么豆袋椅肯定会是最受欢迎的（因为它坐着最舒服了）。这样听起来还不错，不过，光确确实实存在，对每件物品人们都可以看得清清楚楚。

玛丽·简认为，房间里灯光的作用是绝对不可忽视的。现在，把普通灯管换成可调光的也不是多么困难。如果你要买一个调光器，路上花四十五分钟，再花大约十五美元就可以搞定。网上有安装方法的介绍，如果你不敢自己安装，那也没关系，请一个电工过来，分分钟就能帮你搞定。

"有个调光器，家里的气氛、情调就会完全不一样。"玛丽·简说，"它可以把房间整个变样……比如吃晚餐的时候，调光器可以使气氛变得柔和，增加浪漫的情调。"

不知道为什么，我不喜欢挂在头顶的固定灯具，似乎它们不能有效地调节气氛，我不知道确切原因是什么，但是肯定是有科学道理的。因此，我选择去宜家买落地灯。

落地灯很方便，你可以根据需要调节亮度和地点，也就是说，哪里需要放哪里。像前面说的那样，我的确会从宜家买落地灯，但是有时候我也会从友善商店或者二手货市场买。落地灯优点很多，就算坏了，重修一下线路就能修好，我非常满意。

玛丽·简还给大家普及了她朋友哈里的小窍门：去照相器材店或者亚马逊买一些照相用的滤镜纸。

10个用餐小贴士

不管是男士还是女士，如果连最基本的餐桌礼仪都不懂，那么日后肯定不能成大事。见微知著，就体现在这里。

——《礼仪便携手册大全》

1. 想象一下自己满口食物的时候还在说话的画面，这在别人看来会怎么想？实在太丢脸了！实在太丢脸了！

2. 记住，餐巾永远放在该放的位置。记住，餐巾是为你服务的，而不是让你乱扔的。餐巾是为了吃东西的时候避免酱汁弄脏你的脸或者你的衣服。餐巾能提供各种有用的服务，包括包住你嘴里谨慎吐出的垃圾，比如鱼刺，或者其他你想立即从嘴里吐出的东西。在餐馆里，餐巾是免费供应的，应主动向服务员索要。

3. 比别人晚二十秒动叉子（筷子）远比早五分钟好得多。虽然各地有各地的习俗，但如果未经提示，最好不要在别人还没入座、没开饭之前或者主人开始吃之前先吃。

4. 注意观察具体的东西该放在哪里。入座后，在你的左手边有一个小写的字母B，代表面包盘；右手边有一个小写的字母D，代表饮料。记住，面包在左边，饮料在右边。

5. 通常来讲，餐具的摆放顺序是叉子在左边，从左到右，依次是盘子、刀、勺子。丹尼尔·波斯特·森宁建议用叉子即FO（r）KS这个词来记忆：F代表叉子（fork）；O代表盘子；K代表刀（knives）；S代表勺子（spoon）。

6. 桌子上摆的餐具不只是为了吃一道菜用的，所以，从最外围的餐具用起，随着后面的菜品陆续上来，再使用里侧的餐具。用完每一种餐具，都要把它整齐地放在用此餐具的餐盘里面。

7. 如果你真的不知道某一道菜如何吃，那就看看主人是怎么做的。要是主人拿起一个奇怪的餐具，用它来轻轻地挠手，也许你也应该这样做。

8. 如果你刚往嘴里放了一口食物，这时候有人问了你一句话，想和你交流。你应该对着他微笑一下（当然是闭着嘴巴），然后打个手势语，问："请问有什么事？"也不要急着嚼那口食物，慢慢地吃完再说。

9. 除非是吃工作餐，大家都把手机放到桌面上，等着一些重要的消息，否则在和其他人在一起的时候不要玩手机。但是，有时候难免会因为事情需要看一下手机，所以，这时候"不好意思，我去去就来"这句话就派上用场了。赶紧去洗手间把手机上的事情处理完再出来吧。

10. 如果你还没有把食物吃完，那就把餐具放在盘子的两边，盘子里的食物最好堆在中间，形成一个小山丘的形状，让它看起来像一座"正在休息的饥饿的小山丘"。如果你已经吃完食物，那就把餐具平行放在盘子上，不要指向盘子。把平行放置的餐具想象成一对马上要滑行的滑雪板——如果你不喜欢滑雪的话，那我对刚刚用了这个比喻表示歉意。

"你可以把滤镜纸罩在落地灯上面，光线透过滤镜纸会变得更加柔和，把大家的脸庞也照得更加动人——显得个个都赏心悦目。"玛丽·简说。

气味

我相信我之前说过，房间里的气味也很重要。要注意房间里是否有浓烈的脚臭味，就像好多天没洗脚，是否有一大堆脏衣服没洗、宠物的住所没有打扫、厨房里的盘子没有收拾，甚至水池子本身就散发着一股气味。除了这些可以看见的"敌人"，角落里看不见的地方可能还会存在隐患，会让你怀疑哪里死了一堆蛤蜊而发出了恶臭。

祛除这些味道的第一步，当然是"拔草除根"，把散发气味的根源处理掉。请大家吸取我惨痛的教训：在出去旅游之前，一定要把垃圾清理掉，一点也不要剩。

除此之外，还有一个要点：只要房子使用的时间够长，家里就会有一股味道。但是，如果你时不时地给家具做清理，再放些鲜花，房间里就没有异味了，而且会散发出一股淡淡的花香。

但是，请注意，鲜花解决不了根本问题。虽然鲜花会令房子里飘满花香，但同时也把那些异味遮盖住了——只是遮盖住了而已，并没有彻底祛除。祛除异味的神器，其实就是昂贵一点的蜡烛。

有一年圣诞节，我偶然发现蜡烛有这个功效。当时，我妹妹想要一根沃鲁斯帕蜡烛，最后，父亲给我们每个人买来一小根。

这种蜡烛真是绝了！简直就是儿童书里面讲的《给我家带来芬芳的神器小蜡烛》里面的那种蜡烛！

就算还没有点燃，这种蜡烛也会散发一股幽幽的清香，慢慢地飘满整个房间。一旦点燃，房间里便有了光明节的气氛，而且这种蜡烛特别耐用，有时候只点燃短短的几分钟，房间里的芳香便会持续好几个小时。

在发现这种蜡烛之前，我对蜡烛特别敏感，买的时候非常谨慎。因为只要一点燃那些蜡烛，我就像走进了麦当劳苹果派里，全是那种味道。不管你闻或是不闻，那种味道都会钻入你的鼻孔，刺激你的嗅觉。你还说不上来它具体是什么味道，就像用化学物品清洗过的亚麻布的气味。

一分价钱一分货，价格贵一点的蜡烛效果完全不一样。这种蜡烛给人的感觉，就像和一个喷着高档香水的人拥抱过之后，对他身上那种味道的回味。而便宜一点的蜡烛散发出来的气味给人的感觉，就像一群刚从夜店出来的小伙子从你身旁经过的气味。

这些话都是我的肺腑之言，我绝对没有收沃鲁斯帕蜡烛的一分钱，并不是给它打广告，也没有收取任何高档蜡烛品牌的任何费用。对这些蜡烛的赞美之词全都是发自内心的。如果你要送我免费的蜡烛，我当然不会拒绝啦[*]。

---

* 也许有人会觉得我写这本书就是为了获得一些免费的蜡烛，再就是卖弄我的喷漆技术。有人要这样想，我也没有办法，大家在生活中不都是追求名声或者给自己谋取利益吗？

最后几句

在说了这么多关于布置家庭环境的建议之后，我要在这里加一条可能很打击人的消息。

那就是，不管你怎么收拾自家的房子和花园，都不会达到完美状态，都会存在瑕疵。科学还没有发达到用魔法棒一挥就可以瞬间把房间变得干净整洁、漂漂亮亮，比任何杂志封面都光鲜亮丽、比碧昂斯都完美的地步*。

好消息是，你所做的虽然达不到完美，但一直是在向完美的道路上进发。

所以，还是爱上打理房间这项伟大的工程吧。因为它可以给你带来真真切切的快乐，而不像其他工作，比如制作电子表格那类东西。在这个纷纷扰扰、熙熙攘攘的世界上，你拥有这么一个安静整洁的小"伊甸园"，该为之开心才是。不管外面发生什么事情，你都可以回到这个固定不变的港湾。把自己的家装扮成什么样子，全看你自己的想法，请珍惜打理房间的时光吧，因为这些时光正好印证了，在这个疯狂世界上，家永远是属于你的。

总之，要勤于理家，让漂亮的家成为心灵的避难所，成为一个能带给你安宁的地方，而不是成为你的牢笼。

同时，家也是享受人生一大乐——邀请朋友来做客——的场所，你们可以一起享受某段时光，这便是一种消遣、一种娱乐。

---

* 我听过一件关于碧昂斯的逸事。在碧昂斯小的时候，她父亲让她穿着高跟鞋在小山丘上一路小跑。碧昂斯可以说是这样做的唯一一人，即使她父亲这么做是另有所图——私底下我也不认同他那种教育方法。

第六章

"主客"之道

在前一章，我们探讨了如何亲切待"家"、如何收拾门前屋外。在这一章里，我们主要探索"待客"和"做客"之道。

在我和朋友凯特*谈起这章内容的时候，她说了一些很有意思的话。

"做客其实很不容易，有时候也很尴尬，"凯特说，"做客毕竟是要去别人家，这里面的学问很深。你不知道别人家有什么规矩——该做什么、不该做什么，所以，去别人家做客的时候，大家都会努力把自己最好的一面展示出来。"

我觉得她说得很对！人就和动物一样，有时候要进入某个动物的领地也不是那么容易的，而且要看那片土地的主人愿不愿意接

---

* 我特别期待向大家介绍我的朋友凯特。她有一头飘逸的金色鬈发，从来不说别人的坏话。她拥有一种气质，用她自己的话说就是"很暖心"。这是我听过的只用三个字对一个人最贴切的形容。凯特也是我朋友里面唯一一个皮肤和我一样超级白的人，和我不同之处就是她有一头格外漂亮的金发。于是（出于嫉妒）我经常"为难"她，让她用面团做美式时尚裸体美人，而不是用美国红蔷薇。

纳。你要是试图进入大型动物的巢穴，就会体会到其中的"规矩"。*

所以，"待客"和"做客"并没有那么容易。**

但是，这也正是锻炼自己的好机会，不管是待客还是做客，都可以看成一次不错的磨炼。让我们开始吧！

没有受到别人的邀请，就不要贸然地去别人家里。

——如果你未受到邀请就想去莱斯利女士家做客，那我得提醒你小心点了。

把整个世界都请进家门
（至少是美好的那一小部分）

我喜欢邀请别人到我家做客。家是唯一不会让我产生恐慌心理同时又能让我展示自己外向一面的地方。我可能不喜欢某个酒吧、某个餐厅，或者某个电视节目，但是我对家的喜欢一直没有改变过，我也希望别人能喜欢我家。我希望让自己的家变成一个温暖、舒适、充满快乐的地方，想在我看到沙发的时候就能够回忆起每一个在上面坐过的人和我一起度过的美好时光***。

* 我没有尝试过，但是我敢用一千美元打赌，像狮子、熊、大型鸟类的巢穴绝对不欢迎"来客"，就算你带着一瓶灰皮诺（葡萄酒）。

** 并不总是这样！我不确定《辛普森一家》里面是否说过这句话，我在谷歌上面没有搜出来。

*** 有很多人吗？对，是有很多人。

但是现实并不是如此！我以前并不喜欢别人来我家做客，因为有客人来就意味着我要把房间打扫干净（之前我说过，自己的常态就是"邋遢"，只有在必要时才会收拾一下屋子），而且我觉得自己做不到良好，更达不到优秀。

以前，要确保家里的每一个细节都是完美无缺的，我才会邀请别人来家里，因为如果不确保每个小细节都完美的话，我不知道会发生什么意外。我怀疑，以前喜欢我的朋友会因为使用纸而不是餐巾便对我感到痛心，他们会永远记恨在心。要是有人不小心打开我的冰箱，看到冰箱里面的情景，看起来已经过期的调料乱放在那里，许久都没有收拾，那就完蛋了，大家都会觉得我是一个超级邋遢、失败的女主人，而且一传十、十传百，我在大家心目中的形象就完全崩塌了。

这样，我也许会被大家孤立，被驱逐到一个与世隔绝的地方——一座寒冷无比的荒岛，比如南达科他州，水牛将是我唯一的伴侣*。更惨的是，它也不理会我。于是我去了一个海蚀洞**。或许千百年之后，我就会成为一具化石，上面还写着"自以为很有能力、最后却一败涂地的人"。要是我当初配备亚麻餐巾就好了！***

后来，我找到了一份薪资更高的工作，也有了亚麻餐巾，一切

---

* 正如维基百科告诉我的那样，你绝不想体验它们的"狂野和不可调和的脾气"。上面说的"水牛被激怒之后，它们几乎可以跳到1.8米高，奔跑速度是每小时56到64千米"。什么？！在被激怒的时候，水牛可以跳到1.8米高！是什么让它们变得如此疯狂？

** 我还偶遇了一个人——李·格雷，他简直就是爱好野生动物的美食家。有很多关于他独自在海蚀洞里面生活的传说，传说他一天靠吃5个海胆度日。不告诉你们这个故事，我良心上都过不去。

*** 我相信这是每个人都会有的想法，这样想非常正常。

都很完美。事实上不是这样，这只是玩笑话，尽管我现在有布餐巾。我克服了自己的心理难关，开始意识到，没有把自己喜欢的人邀请到家里来做客实在是一大憾事。他们喜欢我，肯定不会嫌弃我脑子里乱想的那些不完美的小细节。

如果在和大家娱乐放松时是有目的的、有所求的，那你就是在浪费时间、精力以及钱财，你不会因待客而开心。事实上，除了不知情的客人※外，作为主人的你一点都不开心。

但如果你把待客的过程看作你心甘情愿去做的事，是你回报周围人给你带来快乐的一个机会，情况就会完全不一样。之前的那只水牛就会大变样，变成另一只温柔的小动物※※。我会给朋友讲一些有趣的事情，分享快乐。这样就会让你原以为烦琐、刻板的待客步骤变成自然流露出的对朋友的爱，就算只是小小的一盘奶酪或者干净的卫生间环境，都能让朋友感受到你的真心。

"我很享受为聚会做准备的时光，因为对我来说，这就是一个施展创意的过程……来做客的全是我喜欢的人，他们都是我生命中最重要的人。能把他们邀请来就是上天对我的恩惠。"玛丽·简·默雷尔说，"在你招待客人的时候，最重要的事情就是要让客人感受到自己的独特性，要让他们感到自己就是最特别的那片雪花，就算转瞬即逝，也美得独特。如果你有机会让别人感受这美妙的一刻，

※ 保佑这些不知情、善良的客人。

※※ 我说的是负鼠突然变成了一只可爱的海牛，想象一下它的样貌：长约10厘米，性情温和，总是沉默寡言，善于倾听，而且从不妄加评断，时时刻刻戴着一顶小礼帽，装束迷人。多么可爱的海牛！

而且机会有限，何乐而不为呢？"

不过，玛丽·简所说的远远不够。

凭良心讲，玛丽和她女儿诺拉在待客方面做得都非常出色，因为她们付出了大量的时间和精力不停地去实践，去完善自己。亲爱的读者朋友，任何事情都是需要大量练习才会渐趋完美的。台上十分钟，台下十年功。如果没有苦练，勒兹式滑冰*中那些漂亮的动作是做不出来的。

以下为待客须知：

❋ **重点1**：要让客人感到舒适与浓浓的爱。

❋ **重点2至748**：要给大家制造互相沟通、分享喜悦的机会，有欢声笑语，有美食享用，有值得日后大家留念的东西。可以介绍两个自己认为互相有好感的朋友认识；可以用锡纸做成帽子戴在头上增加聚会的气氛**。

❋ **重点749**：确保聚会的食物能够准时端上桌。***

作为主人待客的好处就是，绝大多数客人都是喜欢你的人，所

---

* 如果你有兴趣想了解更多，请去谷歌搜索。

** 这也是卡罗尔·卡普兰的点子。每当新年前夕或者其他节日，你都可以用此办法来调动气氛。或者是哪个心情低落的午后，需要一点花样来改善心情的时候，做锡纸帽子就是一个不错的选择。记住：在做的过程中要保持温和、放松，当然你也可以选定一个造型去做，要知道，锡纸是一种非常有活力的材料，所以，不要害怕它的表现太出挑。

*** 作者在这里所列的条目和数字表明待客的时候主要要记住这三点，中间那几百条建议其实都是这三点包含的内容。——译者注

以才会前来做客。所以，他们并不挑剔你准备的食物怎么样，也不会像检查团一样检查你餐桌上的餐具是否全部摆放得正确。大家都是来享受拥有彼此的时光的。饭菜做得不是很成功，或者桌布有污渍，可能会成为你的噩梦。但是他们都不会计较这些。

当然，也不排除有些客人比较挑剔，他们或许是你工作中的对手，又或许是不熟悉的朋友的朋友。但是，你才是主导，因为是你主办的聚会、提供的食物。如果他们对食物不满意，需要星级酒店级别的食物，那我只能说，生活不可能一直满足你的期望。况且想要享受高级酒店的珍馐，本可以选择不来这里的。真正的友情，是不会被一盘烧得不好的菜而毁掉的。

有时候，一次聚会可能会因为你一直跟客人解释自己如何没有招待好对方而不成功。其实，并不是招待不周让这次聚会失败，而是你自己的不能释怀让这次聚会没有想象中成功。

要记住，整个聚会的气氛、基调都是由主人奠定的。世界上没有人愿意参加一场一切都很完美但是主人明显不高兴的聚会，人们都愿意参加一场虽然菜品不是很丰盛，但是主人很是热情的聚会。因为，后者让客人感觉更舒适。

所以，如果你还是处在待客的入门阶段，一直在网上搜索待客的秘诀，其实你大可不必这样做。待客必备的注意事项就是下面的两点：

1. 要让客人有幸福感。

2. 要有功能性强的卫生间。

不积跬步，无以至千里。那就让我们从最简单、最基本的做起，向热情待客的巅峰徐徐进发——举办大型的社交聚会和接待长期留宿的客人。

最简单的待客过程

1. 首先给朋友打电话，问她或他下班或周末是否有空过来。

2. 如果需要的话，提前去超市采购一些面包、奶酪、甜点以及你朋友最爱喝的饮料。

3. 检查一下家里，在可见的范围内有没有没收拾的内衣或者脏盘子，等等。

4. 满怀喜悦地欢迎朋友的到来。因为你们很要好，终于可以有时间在一起看场电影，或者一起谈天说地了。

10种日常待客必备物品

- 冰箱里常备约4摄氏度的凉茶一大罐
- 含有和不含有咖啡因的袋泡茶
- 咖啡
- 蜂蜜
- 柠檬
- 苏打水
- 冰块
- 曲奇饼干
- 小胡萝卜
- 鹰嘴豆酱
- 水果

除非有些人有忌口，不然上面的这些基本上可以满足平常客人的需求。

这便是最简单的待客之道，有邀请、有点心，还有可以随想随做的活动，当然还有彼此的陪伴。就是如此简单！其实也不需要点心或者组织什么活动，因为和最好的朋友在一起，不用那么客套。就算是随便吃点东西，对方也不会介意的，就算是大家在一起随便聊天都可以，只要彼此用心交流。

聚会之前

在你确定朋友有时间过来玩之后，最好做一下聚会之前的准备工作。

想一想要干什么，是在阳光明媚的周六下午一起吃热狗、打槌球，还是一大群朋友过来聚餐，要准备一桌上好的饭菜？不管吃什么，我认识的人都会一字一句地这样说："如果你要亲自下厨（点外卖也完全可以），最好做你最拿手的。"

我没有开玩笑，这是认真说的。没有人会在乎你每次都做同样的菜，只要你做出来的是自己最拿手的、最美味的就好。

当我为了安排采访事宜而忙于打电话的时候，曾打电话给一位特别和善的女士，她叫露丝，当时她说："我有一道拿手菜特别好吃，到时候给你做做。"我当时听后心花怒放，一想到露丝在超市为了这顿饭购买食材的情景，我就会特别开心。

我的拿手菜是秋葵汤（用肉、鱼和秋葵制作的浓汤），所以每次待客菜单上必有秋葵汤。其实，待客时，并不需要你做的菜多么高级，可口即可。如果你做奶酪三明治的厨艺一流，那就不要舍不得给客人露一手。虽然三明治很普通，但是几乎没有人不爱吃啊。

好啦，现在美味佳肴已经上桌了，那就让我们进入下一个环节……

主题

当然，不是所有的东西都需要一个主题，但是我可以向你保证，一个有主题的聚会绝对更有趣。

玛丽·简说："我脑子里经常会产生一些有趣的想法，然后由此引出一个主题。"随后又很快加了一句，"并不是所有的聚会都要有主题。"有时候，她只是邀请朋友来家里做手工——在万圣节快要到来的时候一起刻南瓜；或者在情人节前后一起制作卡片。只要准备一些红酒和足够的比萨就可以搞定。

不管你和对方的关系多么好、多么亲密，都不要做不速之客，贸然而去可能会给主人带来不便，尤其是当对方家庭成员多且客房少的时候。

——莱斯利女士提醒大家，去别人家做客之前要提前跟主人打招呼。

但是对于一些更复杂的晚宴，"我就得靠便利贴来帮助了。我会把想到的所有点子写在便利贴上，贴到卫生间的镜子上。我会时不时看看，然后只留下好一点的主意。把其他没用的撕掉"。

"尽自己的全部努力，发挥所长。"这是玛丽·简给所有要待客的人的忠告，无论聚会规模的大小。"如果你想放一瓶鲜花，那就去剪一些花枝，把它们有序地插在花瓶里，这样就会让客人觉得这是你用心为自己准备的。只要是让客人觉得自己很特别，受到了你的重视，其实任何东西都是可以做到。只要你为本次聚会付出了努力，什么主题都是可以的。比如，再次一起品尝你们之前品过的好酒；或者是一起做个简单的SPA（水疗）。"

如你所知，对于玛丽·简来说，这些都是需要细心准备的，因为她是一个事事都追求完美的人。

"我为招待朋友做了很多工作，而且我非常喜欢为这些聚会付出。因为对我来说，朋友来自己家里做客是很难得的，他们花费了自己的时间，也做出了一定的付出，所以我很珍惜这样的机会，并且在这些聚会中发挥自己的创意，力求办得更好，让这些聚会成为我送给朋友们的礼物。"

客人名单

还得考虑一个问题，那就是谁应该收到这份"礼物"。在一些聚会上，大家都互相认识（不管你有多少来自五湖四海的朋友，如果你主办的聚会够多，最后一定会出现大家互相认识的局面，这样就最好不过了）；在另一些聚会上，聚会的目的之一就是介绍朋友们互相认识。

所以，应该邀请哪些朋友参加聚会呢？我喜欢把前面两种聚会综合起来考虑。首要问题就是大概要邀请多少人。这里有一个定律，那就是，邀请的客人越多，平均下来你照顾每个人的细心程度就会越低。因为你是聚会的主办者，所以这就是考验你协调能力的时候了[*]。邀请一对夫妇来做客就十分简单，因为只要把平时做的食物做成双份就好了。你可以不在意你邀请的人数是奇数还是偶数，也可以不在意邀请来的都是情侣还是单身人士，尤其是在大家互相认识的情况下。但是，如果你邀请两个单身朋友来你家做客，而且在你看来他们很般配或者互有好感，那就很妙了。所以，请你对身边的单身朋友多加留意，办聚会的时候也不要忘记邀请他们。由于单身，他们很容易被大家忽视，作为过来人，我可以告诉你那种被人遗忘、没能被邀请参加聚会的感觉真的很不好受。所以，聚会前，请你一定仔细考虑考虑要邀请谁。最后，你有多少只杯子？

几条参考原则：

* 我平时邀请朋友来家里做客的时候，会确保大家之前都见过，这样就可以保证在聚会上彼此之间都有话题。但是情况也不完全如此，也会出现下面这两种情况：邀请的朋友中有的是社交达人，或者有的是这个街区新搬来的邻居，聚会就会是个互相认识的绝好机会。我还有一个秘诀，那就是搞一个美国姐妹联谊会式的聚会，效果也非常不错（后文还会讲到）。

* 还需要考虑一个问题：最好不要把之前发生过不愉快或者有过节甚至以前是情侣但现在已经闹掰的两个人同时邀请来。有两种办法处理这种情况：第一种方法是，一次聚会只邀请

---

[*] 这里作者把协调能力比作能在颠簸的船上平稳走路的本领。——译者注

其中的一个，下一次再邀请另一个，不让他们在同一个场合出现；第二种办法就是，在大型聚会上，提前告诉双方对方会在聚会上出现，然后提醒他们表现得成熟一点。

* 想一想自己是否还欠某个朋友的一个邀请，也就是说，自己之前受到过邀请，但是一直还没有机会回请。现在你的机会来了。

* 想一想自己是否遗漏了某人，有没有人会因为无意间发现自己没有在被邀请名单上而伤心不已。既然如此，那就不要漏掉任何不该漏掉的人。要是你真的漏掉了，那就为事后有人要伤心做好准备吧。

* 就算你明知道某人可能会因为距离远或者时间排不开而不能赴约，也得向他发出一份邀请函，说不定他真的会出现呢。

邀请函

邀请函最好做成纸质的，这样收到邀请函的朋友就可以把它贴在冰箱上，提醒自己不会忘记。那种需要对方填空回函的也可以（不好意思，不知道为什么，我对填空有一点点反感，我确实不喜欢这种邀请函），但是最简单、最快捷的是纸质邀请函，最好做成明信片的形式。

电子邮件形式的邀请函也是一个不错的选择，也可以先给对方打个电话，然后再发一封电子邮件说明详细情况。不过，我觉得通过社交媒体（脸书）发送邀请函有一点不靠谱，因为你不能确定大家是否都看见了邀请函。对于不需要数人头、清楚来客的数量，而且即便受邀的人没有来也不是很尴尬的大型聚会，可以选择用社交媒体发送邀请函。

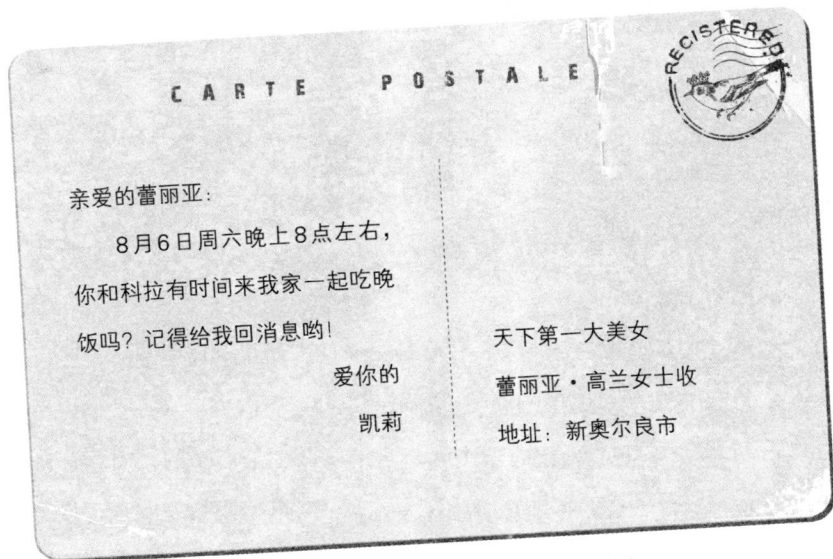

C A R T E   P O S T A L E

RECISTERED

亲爱的蕾丽亚：

　　8月6日周六晚上8点左右，你和科拉有时间来我家一起吃晚饭吗？记得给我回消息哟！

爱你的

凯莉

天下第一大美女

蕾丽亚·高兰女士收

地址：新奥尔良市

　　务必让受邀请的人都清楚聚会的时间和地点。如果对方很快地回复了你的邀请，那就太棒了。那你就回个电话，表达自己的激动之情，再问问对方有什么特别喜欢吃的东西或者不喜欢的东西，提前有所了解，这样就避免在你端出来自己准备的食物之后，不知道合不合大家胃口的尴尬。

　　如果客人的要求十分特别，比如对某些食物过敏或者有其他特殊要求，你可以委婉地告诉客人："我很希望你来参加，但是你也知道，我的厨房没有足够的材料。所以，你看看喜欢附近哪家餐厅，我可以让他们提前帮你做好，然后打包送过来。希望你能同意这样做！没有你，对我们来说就是一大损失，如果对你招待不周，我心里肯定会很难受。"

接到朋友的邀请函之后，尽量尽快回复，不要让对方一直等待你的消息。他们不知道你是否愿意赴约，有可能就会旁敲侧击地向你身边的朋友们打听。

——莱斯利谈"邀请二三事"。

在客人到的时候，你一定要做好迎接的准备。如果客人问需要带什么过来，我通常会说一瓶酒就可以了。如果他们喜欢烘焙、做甜点，带甜点过来，那就更棒啦。

在聚会开始的前两天，也不要闲着。可以收拾收拾家里，看看哪里还不是很好，在脑子里大概过一遍聚会的流程。想一想聚会所需要的东西是否都备齐了，看看是否需要去超市补点东西，一时想不起的话可以先去超市转转，说不定就想起来了。

"为聚会准备食物的秘诀就是一定要做你最拿手的，而且最好是提前就准备好，不要想着临场发挥。"玛丽·简说，"甚至可以提前一天把食物准备好。这样的话，要你操心的事情就剩房间的状况和自己的仪表了。"

如果真的到了聚会那一天，这里有一个来自著名美食家兼作家艾娜·加藤的建议*：在早晨好好规划一下这一整天。首先思考一下你准备在几点开始晚宴，然后从晚宴开始的时候往前一小段一小段地规划，就像下面这样。

晚上7：30：晚宴开始！烤肉、土豆和沙拉。

晚上7：25：土豆出炉。

---

* 强烈推荐大家观看艾娜·加藤的美食节目《赤脚女伯爵》，她简直就是我心目中的烹饪女神。

晚上7:15：把烤肉从烤箱里拿出来，凉十五分钟。

晚上7:00：客人抵达。

晚上6:50：准备好薯条、面包和辣番茄酱。

晚上6:40：准备好土豆，放入烤箱。

晚上6:30：准备好奶酪、沙拉，制作油醋汁。

下午5:15：化好妆，理好头发，看看《我为喜剧狂》。

下午5:00：做好熏鲑鱼的蘸料。

下午4:10：布置餐桌。

下午4:00：把烤肉放入烤箱，开始烘烤。

下午3:30：准备烤肉。

你看！规划好整个流程就不用再操心什么时候该干什么了。一切都用白纸黑字写得清清楚楚。

记得给自己留点余地，多留点时间干些自己想干的事情。

每人都有自己的长处与特色。有的人做得一手好菜，有的人擅长做手工或者精美卡片，而有的人，比如诺拉，喜欢做核桃仁馅儿的芝士球……不管你擅长什么，记得一定要把你最拿手的展示给客人，同时也不要忘记其他重要的小插曲。

聚会时

跟我来读：聚会的基调是由主人奠定的，聚会的基调是由主人奠定的，聚会的基调是由主人奠定的……（重要的事情说三遍）对，主人的角色就是这么重要。

聚会办得再好都不为过，其实就是放松下来，用微笑和真心招待客人，大家在一起开心地娱乐。不论是办什么形式的聚会，要是你觉得工作过于繁重，以致自己忙得喘不过气来，那我觉得这次聚会办得就太不值得了，而且并不成功。大家都知道，活到老，学到老，而且学习的机会永远存在。吃一堑，长一智，这次没有成功，到下次你为自己的狗狗阿格塔办四岁生日宴的时候，你就知道自己该怎么做了。

"作为主人，在聚会上就应该和来参加聚会的每一位客人聊几句，这样就说明你非常欢迎他们的到来，见到他们也很开心。要表现得他们仿佛就是你见过的最风趣、最幽默的人。"玛丽·简说。

等等，玛丽·简，我想问：你认识的人个个都是那么风趣幽默吗？

她笑道："有的是，有的不是。但是有时候不得不假装一下，假装对方是十分幽默风趣的。"

有时候客人都到了，饮料还没有上来，气氛会比较尴尬。因为……唉，其实也没有什么说得清楚的原因，事实就是如此。一到这种时候，我就会想起当年的大学生联谊会。当时（主要是在招新会上），我们会提前对新人做一些调查，了解一下她们感兴趣的话题或者是将要讨论的内容，这样就可以确保在聚会的时候避免出现没人说话的尴尬情况。

所以，看到这里，打算去参加大学生联谊会的读者就知道这个"潜规则"了。在你去之前，其实大家已经基本把你的底细、背景摸清了。她们知道你在哪儿上的高中，知道你的选修课都是什么，知道你主修什么——基本上你填在联谊会报名信息表上的所有内容她们都知道，而且连你的照片墙账号她们也知道了。

其实，联谊会的"好戏"就是这样上演的：比如说我特别想让乔茜加入联谊会。我知道她来自洛杉矶，主修心理学，而且非常喜欢小熊猫*。我正和乔茜聊着天，突然伊尔琳过来了。

"噢！伊尔琳！"我突然喊道，好像她的出现特别偶然似的，于是我上前去介绍两人互相认识："伊尔琳，这是乔茜。乔茜，这是我妹妹伊尔琳。伊尔琳，你也是心理学专业的吧？真巧！乔茜也是！乔茜，你想好以后要具体钻研哪方面了吗？"

于是乔茜就会说她一直想做一个有关"缓解杰出女性紧张心理的小熊猫理疗法"的研究**，伊尔琳笑了笑，也说自己打算训练情商高的狐狸，让它们能够辨别出人类的焦躁情绪，并且能够和人类嬉戏玩耍，以缓解人类的焦躁情绪***。这不就促成两个人顺利交流了吗？这个时候，我就可以暂时离开一下，去看看来自俄勒冈州的女孩伊丽莎白怎么样了，因为她和我上高中的时候一样不善言谈。

---

* 原文后面又加了一句："因为她也是有血有肉的人。"这里意思其实就是说明乔希有这种爱好，因为每个人都有爱好，很可能两人的爱好是一样的。——译者注

** 我巴不得有人做这样的研究呢！如果真有人做，我愿意资助我财产的一大部分（72%）。

*** 科学，请问你在听吗？（注：这是直译，意思是说这可是一项将会对科学很有贡献的研究。）

闲聊注意事项

1. 在大学女生联谊会纳新的时候，我们都会避免6个关于"B"的话题*：身材、布什（乔治·布什总统）、《圣经》、银行卡余额、男朋友和喝酒。当今社会，很少有人喜欢谈论关于身材的话题了，不管是自己的还是别人的；政治话题也比较敏感，所以也尽量不要谈论；关于宗教，这关乎每个人自己的信仰，如果要谈论宗教话题，最好做到对彼此的尊重；对于个人经济状况，你永远不会清楚别人的真实情况的，所以少谈论为好；关于男朋友，最好也不要聊，因为在一所男女比例完全失衡的学校，你和正在聊天的人很可能与同一个男生交往过，谁也说不准，所以，我想，在聊天的时候最好不要提起你的前任情人**；喝酒，我想，这一点完全可以不避讳，因为现在几乎没人不喝酒，但是不要让喝酒成为你炫耀的资本。

2. 永远不要低估"问题"的力量！和别人闲聊的时候，尽量表现出自己对对方的生活很感兴趣，在不清楚的地方积极向对方提问。

3. 接着上一点，也有需要注意的地方：不要在别人不开心的事情上穷追不舍地问，比如对方说自己的一个朋友刚刚过世，你就不要再追问"到底怎么了？"。"天哪！听到这个我真是太伤心了，真是太不幸了。"这就是一个很好的示范。

---

* 这里代表6个以字母B开头的词：Bodies、Bush、Bible、Bank Accounts、Boys、Booze。

** 注意：安妮，这本书中所有的"情人"二字，都是为给你看的，我就是这么"爱"你。（这里的原因后面的专栏部分会讲到。）

看了这个故事，除了知道大学女生联谊会既精彩又惊心之外，我们还能学到什么呢？

❋ 提前了解你的客人都有什么共同的兴趣爱好。注意促成两人交谈的时候不要这样："嘿！你俩都喜欢这玩意儿，刚好趣味相投！"而是："嘿！我知道你们两个最近都在看某电视节目，所以我想问问，你们是不是都很喜欢这档节目？"

❋ 人们经常会因为一点点共同点便展开交流，所以，只要有那么一点共同点，后面的交流就会自然地进行。

❋ 作为待客方，一旦客人们互相聊得火热，比如开始聊《权利的游戏》里面的柯普（还是特迪，或者是博克？我也不确定，反正是两个字）·斯诺是否真的身首异处，唉……每次看都会觉得不够看，还没怎么看呢，一集就结束了。电视剧里每一集45分钟，都有大家各自喜欢的角色*，这够他们聊的了。这时候你就应该莞尔一笑，轻轻地拍一拍身旁的一位客人说："我去看看肉烤得怎么样了，你们先聊着。"这样，你就可以去看看别的客人怎么样了，和他们再聊一聊。

如果你邀请朋友来家里吃饭，早点开饭要比晚点开饭好得多。我参加过一次聚会，当时饭点已经过了两小时，但是菜还没有准备

---

* 我经常听朋友们讨论《权力的游戏》，于是也大概了解它讲的是什么内容。上面说的这些都是我自己的见解。

好，客人只能靠桌子上仅有的蔬菜沙拉垫垫肚子。就是那次经历，让我知道，人可以在没饭吃的时候靠吃嫩胡萝卜撑那么久。

去厨房频率最高的人，应该坐在离厨房最近的位置。

说起上菜，我觉得自助取餐比一道接一道地上菜要简单很多，况且在当今社会，要找一个专门上菜的男仆也不是一件容易的事情。但是自助也有自助的尴尬，当饭菜好了，要通知客人的时候，还得在他们谈话的时候找一个间隙，说："晚饭已经好啦！大家可以开始吃了！（可是这个时候，刚好站在自助餐台旁边的人能不尴尬吗？）你们想不想拿起盘子大快朵颐？"

其实，大部分人心里都想先尝为快，但是都不好意思这么做。因为大家都在想：自己凭什么要比别人先二十秒动手舀一勺那美味的土豆泥呢？所以，作为主人，可以特意点名邀请某人品尝，这样就避免了不知谁先动手的尴尬。

如果你的动作比较慢，可能会有一些比较绅士的朋友等着你回到餐桌上，才开始一起进餐。一旦遇到这种情况，你又不想让别人等自己，那你就可以在厨房里面高声说一句："你们不要等我，先吃吧，我马上就出来！"

开吃啦！如果有人吃饭速度比较慢，你就等他们慢慢吃完，然后再问那些二十分钟前已经吃完的人是否可以帮他们收拾盘子。

哇哦！真是一次完美的聚会！有可口的食物，有大伙的欢声笑语，有彼此之间深厚的友谊，有趣味多多的游戏，当然还有少不了的美酒！这次聚会真是令人难忘，甚至像赛迪·霍金斯的魔幻舞步那样令人难以忘怀，而大家的友谊也是如此。

但是，天下没有不散的筵席，到朋友们该离开的时候了，而且你已经精疲力竭了。一般情况下，谁都不愿意做第一个离开的人，但是也没人愿意晚上留下来过夜。

所以，这里有几个很有用的送客暗示语：

* 可以模糊地说几句今天过得多么开心的话。因为这句话一听就是过去时态，而我们现在处于现在时态，所以听者大概能明白这弦外之音。

* 可以边抚摸着好朋友的背边说："亲爱的，你是不是累了？累了就去躺会儿，休息休息吧。"

* 可以说自己是多么期待第二天的马拉松，你一直在为这次马拉松做准备，已经迫不及待要上场了。第二天早上6点整就要开始了。

> 对于自己不喜欢的人，尤其是个性、习惯以及
> 三观不合的人发来的邀请，
> 你不想去的话，就要学会委婉地拒绝。
>
> ——————◆◆——————
>
> ——莱斯利女士这句话说到我的心坎里了*。

希望大家都懂这些话的言外之意。但是，如果有人玩得过火了（提示：其实是喝醉了），如果他们同意，一定要让他们留下来过

---

* 原文是"这是我见过描写唐纳德·特朗普最确切的话语了"。——译者注

夜；如果对方不同意留下来过夜，那就坚持为他们叫辆出租车，让司机把他们安全送到家，然后第二天早上再去接他们过来取车。要以温和的口气与喝醉的朋友说话，千万不要马虎，不要让他们酒驾。因为无论任何时候，安全都是最重要的。所以，一定要坚持做最保险、万无一失的事。

关于留宿

有人来家里留宿，会令人心情激动，但人们有时候还是很不想遇到这种事情，特别是自己家刚好处在旅游城市。你会发现很多人向你提出免费住在你家的要求。

要求越过分，拒绝起来就会越容易。比如："嘿！我可以天天在你家住吗？"对于这样的问题，如果你想拒绝的话，下面有几个供您选择的答语：

"当然愿意啊，但是那周我们全家刚好出去，不在家。"

"我很愿意你来，但是刚好那个月工作上的任务实在是太多了，我实在是忙不过来，我怕没有时间陪你。"

"我很想让你过来啊，但是不巧那两周我们家另有安排。"

"不好意思，那几天你不能在我家住。"

上面是按照暗示客人不能住的措辞由弱到强的顺序排列的。

如果你真心想让某个朋友来家留宿，那就一定要把自己的意思说清楚。不要说任何含糊性的话语，比如："你到新奥尔良的时候记得来找我哟！"如果他们来你家所在的城市玩，但是你不愿意让他们住你家，那你也应该表达清楚："新奥尔良真的很好玩，你一定要来玩。你来的时候一定通知我，到时候我可以给你当一天的导游，但是不管住宿。"

最令人难忘的留宿经历

如果你想知道如何招呼来你家留宿的客人，那么，来吧，搬个小板凳，让我来给你讲个故事，你就明白了*。

我的朋友杰西卡·麦克斯韦是一个……天哪，我该怎样形容她才会确切一点？我在写《周末人物记》采访她的时候，就发现她和我都是那种对某些东西会一见钟情的人，当然，友情还是需要长久才能见人心的。她和我一样，也是一个狮子座的红发女作家，而且热衷于宗教事务（以后我会让她亲自讲述自己对宗教事务的热情，她还出了一本关于宗教的书籍，叫《流连天国》），同时都青睐古典家具，她会花上两个多小时来给你介绍一套中国式古典双人沙发的优点。总之，我非常喜欢杰西卡。

有一次，我刚好在杰西卡家所在的城市，当时我就突发奇想，去她家转转，我去她家经常会这样没有任何"前兆"。她很热情地开门欢迎我的到来。这是一座豪华的加尔特别墅，是20世纪30年代殖民地建筑风格，室内家具雍容大气，富有艺术气息，还备有银

---

* 很明显，我是在用《胜利之光》（经典热血体育连续剧）中泰勒教练的口吻说话。之后如果我没有特别说明的话，那就是在用这部电视剧里面教练的口吻在说话。

质茶具以及室内回转楼梯。

"亲爱的！凯莉！我亲爱的凯莉！你怎么来了？真是太不可思议了！我刚刚还想着你呢，你就来了！你住哪里呢？我绝不能让你将就，你就待我这儿吧，你必须待我这儿！"

很显然，我的这位朋友说话风格就像凯瑟琳·赫本*，她完全不做作，这就是我非常喜欢她的众多原因之一。

所以，我就很大方地住在她的客房——这间客房比我自己的家还要宽敞。

亲爱的读者朋友，我不知道如何来形容这个房间。它其实是杰西卡的（宗教）祷告室，有巨大的拱形屋顶，有圣坛，还有许多绣球花，房间里花香四溢，床上有很多特别松软的枕头。这个房间简直是太完美了，用当下流行的话来形容的话，可以说是完爆世上所有的东西。

但是！故事的重点并不是说让你讨好杰西卡，然后你就会有机会住她的这个房间，虽然这也不失为一种办法，但是这并不是故事的重点。

本来这个房间就够完美了，但是，除了这些，它还有在旅途中的人想要的一切东西，真的是应有尽有。

在床的两侧各有一个床头柜，上面放了一只大收纳盒，里面有：

❋ 睡眠眼罩2个。

---

*   美国著名女演员，是一位性格直率、思想开放而且意志顽强的女性。——译者注

- 薰衣草味（香）精油。

- 褪黑激素片（有时用作安眠药），以防失眠。

- OTC（非处方药）止疼片。

- 一只小手电筒，万一你在半夜需要点东西的时候，不必去打扰别人。

- 急救箱。

- 薄荷糖。

我知道正在看此书的你已经惊呆了，但是，除了这些，床边还有：

- 拖鞋。

- 睡衣。

- 床头柜底下还有一个接好电源的插线板。

- 我心里想，杰西卡，完全不用这样的，只有非常重要的不速之客，才需要你做这样的准备。

但是，杰西卡的准备工作并不止于此，她在自家漂亮的沙发上还给我准备了这几样东西：

- 欢迎我的小卡片。

- 贴心的小礼物（她平时为了接待客人准备了好多礼物；那次，因为那几天我要用电脑打字，所以她送给我一副她自己织的羊驼呢套子的暖手套）。

- 一条她没怎么穿的裙子，因为她知道我喜欢这种深蓝色带有波尔卡点点的风格。

天哪，真的是太周到了。大家想知道卫生间里是什么样子的吗？都备好了什么吗？

- 清洁面膜。

- 不易碎且好看的水杯。

- 小号成套的牙刷、牙膏。

- 浴帽。

- 棉球。

- 牙线。

- 隐形眼镜清洗液。

- 一把剃须刀。

我想，在她布置这一切的时候，一定不知道我这段时间过得好不好，也不知道我在看到这一切的时候会激动得掉下眼泪，因为我在想，自己到底是上辈子积了多少福分才换来今世这么好的一位朋友。

　　当然，我们不可能都像杰西卡那样细心、周到，但是至少会在以后的日子里以她为榜样，努力成为她那样的人。我们也能从中学到一些东西，比如床边放的那些小东西，简直是太周到了！而且，我以后待客的时候，肯定也要放一只那样的收纳盒。

　　当我外出的时候，经常会想自己有没有忘记哪些东西，提醒自己带足够的牙刷和旅行装的除臭剂。提前思考一下，当我去别人家里做客时都会出现什么样的问题，并尝试提供解答这些问题的答案——站在客人的角度来思考，再来准备待客的那些东西（提示：只要有一个写着家里Wi-Fi账号和密码的小小的可爱的牌子和备用的毛毯，那我就真得表扬一下这个主人了）。其实，你也不必专门去附近的美妆店采购东西，只要平时在网上或者实体店购物的时候多留意就好。

　　你可能会问：小礼物呢？是的，杰西卡会经常准备一些礼物。我也可以啊。从现在开始，要是在商店看到一些好看的主题笔记本、陶瓷碗、可爱的盆栽模型、深水潜水员过滤器，我都会买回家备着。虽然这些东西没有多大的用处，但是我很喜欢——说不定哪个朋友恰好也喜欢，而且这些东西也都不是很贵。

　　女士们，先生们！这就是我的朋友杰西卡·麦克斯韦＊！

＊　我还是觉得应该跟大家介绍一下她的丈夫汤姆·安德森。他也是一位热情好客的人——虽然长得人高马大，身高将近一米九五，但是十分和蔼可亲、平易近人。不过，汤姆比起他妻子杰西卡还是差了那么一点，用汤姆的话来说，就是："严格来说，我已经很不错了。但比起杰西卡，我就逊色多了……"两个人感情很好，反正这么多年来，我没看出他们之间有任何厌倦对方的表现。

做客之道

比起待客，做客似乎简单许多，因为做客所要做的事情就是出席。但是，做客也不是一件容易的事情。就像我之前的瑜伽老师经常告诫自己的基督教青年会学生，对于初学者，只要能把"山式[*]"这个姿势做标准（其实就是直立），用不了多久，你就会精疲力竭。做客和做山式是同样的道理，看似简单不过的事情，做起来反而并不简单。

只要练得够多，山式对你来说就很简单了。正如这个瑜伽姿势，你对做客的看法也会有所不同：

有人邀请你去他们家做客，证明你很受他们喜欢！人家本来不需要花时间来招待你，本来可以在空闲时间看电视或者干其他事情，但是他们还是选择邀请你到他们家做客，和你一起度过一段时间，这就意味着他们要花时间、精力和金钱……

别人招待你，就意味着他们会给你提供美食、娱乐、陪你唠嗑、听你的倾诉、时不时地给你倒水喝，或者为你拿饮料或者酒[**]、

---

[*] "……双脚平行站立，双脚的脚跟和大拇指平行分开，与髋同宽，伸展所有脚趾平铺在地面上；重心放于整个脚掌，膝盖放松，向内向上收紧双腿肌肉；骨盆中立，尾骨内收下沉；向上伸展脊柱，挺胸收腹，颈部后侧挺直，双肩外旋下沉，胸骨上提，收紧肩胛骨，后肋骨缩进，小臂内旋。吸气，手臂上举，掌心相对，伸直手臂，尽量向耳后伸展，保持自然呼吸。呼气，还原双臂体侧……"

[**] 可能你现在手里正拿着一杯，我以前也酗酒，不过现在戒掉了。就用我在酗酒康复中心的一个伙伴汤姆的话说，我现在是个"酒精退休人员"了。我这个伙伴有一口漂亮的新西兰口音（原文按照英语发音的原则，写了几句话以展示新西兰口音）。汤姆，不知道你是否能看到这本书，我好想你啊。

给你准备好洗浴时用的新毛巾……

别人甚至要帮你洗用过的脏盘子。

首先要记住上面说的那些别人会主动为你付出的东西，其次要用新的视角来审视做客这件事情。

"我觉得富有亲切感的人，都对别人充满感激之情。因为没人欠你什么，别人没有义务要为你付出。"诺拉说，"如果有人邀请你去做客，那真是太棒了！并不是说谁都有权利参加那个聚会，所以，你要做的就只有感激，感激这世上除了父母和爱人，还有一部分人认为你在他们生活中很重要，能够在重要的场合想起你，邀请你去见证他们生命中最重要的时刻。你所要做的就是感激。"

这就对了，亲爱的朋友，现在我们怀有正确的心态！但是做客的艺术并不是从你敲开对方家门或者走进对方家里时才开始的，而是远在这之前就开始了。

首先，在收到邀请函之后要尽快回复。要是你因为那天刚好要做手术，不确定自己到时候能否出席，那就在回函中告诉对方，自己因为手术，不能确定能否准时参加聚会，如果可以去，到时候会提前通知对方。如果你确定自己到时候去不了，那就委婉地跟对方说清楚自己的情况，再次表达感激之情。下面举个例子：

"哦，我的天哪！我真的很想参加小特莱文的学龄前毕业晚会，但是真的很难说我那天是否能到，因为在那天前后医生给我安排了手术，只有在那前一天，我才能得到是否做这个手术的确切消息。我不想开始说能到，最后又临时取消。所以我还是不去了，请你替我多喝点庆祝酒吧。"

招待情人的时候……

非常不好意思，我起了这样一个标题，但是我就是控制不住。之所以这样做，就是为了"激怒"我的朋友安妮和其他像她一样的人，他们见不得这样的字眼。

好啦！那我们就说一位要在你家过夜的客人，而且你不需要专门为他/她的到来而换新床单，但是他/她也不是你家的常客。

对于和我们关系好的人，我们要做到以礼相待，朋友之间更要如此。但是，有时候，面对恋人或者家人，甚至是性伴侣，我们就忘了要做到彬彬有礼。

如果你同意这位客人来你家做客（而且你百分之百确定他/她不是坏人，不是连环杀手；我并不是开玩笑，万事一定要小心为好），那么对方就是你的客人，必须受到客人理应受到的招待。

现在我们暂且认定这位客人打算在你这里过夜，但是你又不想在第二天早上一睁眼就看到他/她，那么只有这样想才可以自己安慰自己：假装这不是在你家。或者是取消整个约会吧。

客人肯定要解决自身的清洁工作，你是否提供牙刷也是他/她最关心的问题。

在你发出邀请函的时候，最好把邀请目的说清楚，这样的话，你的情人或者过夜客人就会相应地约束自己，不越线。如果他们表现得过分，那你就完全有理由把他们请出去。

总之，和性伴侣在一起的时候，不要触碰对方的底线，且行且珍惜。两个人独处的时候怎么都行，在外面就要注意尊重对方，替对方着想。

性爱是一个极其美好又极其危险的东西，一不小心，就会伤害到他人，也会伤害自己。

让我们回到正题，看看几个有用的建议吧！

* 万一你和情人因为囊中羞涩，去不起高档餐厅的话，我建议你们自制烤面条加干酪沙司。你所需要的食材很简单：一些意大利面、鸡蛋、帕尔马干酪和一些猪肉（意大利熏肉、培根都可以，我甚至用熏火腿和熟食火腿代替过）。《纽约时报》上也有详细的做法介绍。

* 给自己和对方都准备一杯水，防止脱水。

* 清楚自己第二天早上离家的时间，除非特殊情况，也要告诉对方最晚要什么时候离开。如果对方可以一直待在家里，不用走的话，也要和对方明确某些需要遵守的规定。

* 走的时候记得说句道别的话，就像和好友约会完一样。

* 最后，我最喜欢的一个黄段子放在本书别处不合适，就在这里和大家分享一下吧。

问：为什么南方女孩基本很少纵欲？
答：因为她们注重礼仪*。

---

* 此处暗指"矜持"。——译者注

如何委婉拒绝

人们都有不想做的事情或不想去的场合，这很正常。但是，诸如婴儿洗礼或者葬礼这种非去不可的场合，就算你再不想去，还是得去参加，那就另当别论了。

如果你碍于面子，不喜欢直接拒绝别人，那就试试这样说："实在是不好意思，那天我正好和家人有别的事情，不能赴约了。"

没有人会真的调查你到底去了哪里。就算没这回事，你自己也是你的家人啊*。那天你和你家人的安排就是做你自己想做的任何事情，而不是去一个自己不想去的约会。

对于你这样的回函，要招待你的主人可能会说："你也是知道的，这次聚会是个大约有四百人的非正式宴会，如果有你在，就会增色许多。但是，既然你情况不定，那就暂且默认为你会到场，到时候你若是真来不了，提前告诉我一声就好。"

如果是这种情况，我还是希望那天你确实要做手术，因为最好不要把它单纯地当成不去的理由。在本书235页，你看了那张图就明白其中缘由了。

要是你不想去或者真的去不了，那就不要说"到时候再看"这种话，直接说"我去不了"就好。如果你真的很遗憾这次去不了，

那就让主人明白你的心思，给小特莱文送份礼物吧。

同时，对于主人来说（如果现在你是主人），要是你特别喜欢这个朋友，真心想邀请他参加这次聚会，那就以后找机会一起聚聚。或者就在朋友打电话说来不了的时候，你可以接着说："以后找机会咱俩和特莱文一起出去吃顿饭，之后咱们再去逛逛证券交易所，看看股市行情。咱们多久没有这样逛过了？上次逛还是特莱文三岁半的时候。天哪！离上次咱们一起逛已经过去六个月了！你觉得今年8月初怎么样？"

明确被邀请者

如果主人的邀请名单上写明了可以带伴侣过去，那就万事大吉。如果没有写，或许是主人忘记了，或许是出于其他情况，你最好打个电话问一下："特莱文卡，不知道是否可以让凯尔一起去呢？还是我一个人去就好？"如果主人没有特别说明，就是指你一个人去赴约。但是，如果主人也认识或者想要认识一下打算与你一起去的朋友或另一半，那你可以问一下主人："某某打算和我一块儿去，我知道这给您添麻烦了，但是您看我们可以一起过去吗？"

当然，如果你真心不想去，那就直接一口拒绝好了。强扭的瓜不甜，友情也是这样，强求不来。但是拒绝的时候要委婉，这样才不会给别人造成任何不必要的伤害。

换一种情况，如果你想去，而且条件也允许，你都开始思考去的时候穿哪件晚礼服了，那就再好不过了。如果是这样的话，最好在你的回函（不管是通过口头还是社交媒体）中表达自己的感激之情。

"是特莱文卡吗*？当然可以！到时候我和我的那一位会准时到场，听到这个消息我们真是太激动了！我可以带点什么过去吗？那我就带点小特莱文喜欢的巧克力味的小熊饼干吧**。"

瞧，现在你都自己主动提出要带什么礼物过去了，并不需要主人操心。所以，以后做客的时候最好也别让主人为这件事担心，就主动带点礼物吧。

听了你的话，特莱文卡可能会说："不用不用，不用带什么礼物，只要把你自己漂亮的脸蛋带过来就好。"

这是假话。这里并不是说特莱文卡有意撒谎。就算特莱文卡说不要带，也要请你记住：当你去别人家做客的时候，带点小礼物绝对不为过。

你也可以带一瓶酒过去，像我之前说过的那样，只要不是两手空空地去就行。如果只是几个比较要好的朋友聚会，那就完全不必客套了。但是，还是得提一句：亲切就隐藏在你对身边的人表现出的关心、友善以及爱里面，而不是在一些必须做的程序化的事情中。

---

* 我还没有介绍特莱文的妈妈，她就是特莱文卡。

** 你也可以说"小特莱文超级喜欢的"，我没意见。

一些好看又不贵的礼物

❀ 一束带有好看又便宜的花瓶的鲜花。

❀ 一张制作精美的卡片——在对方心情低落的时候是个安慰，在对方开心的时候是"锦上之花"。

❀ 一块奶酪（这可能仅对于我来说是个不错的礼物，因为我特别喜欢奶酪，各种口味的都喜欢）。

❀ 一本你觉得对方会很喜欢的书——如果你再献上自己的题词，那就更好了。

❀ 如果你擅长做手工，那就带一件好看的工艺品。

❀ 如果你厨艺高，那就带一点你的拿手好菜。

如果我外出旅行或者去拜访别人，我会带一些他们买不到的家乡特产。比如，我家在波特兰，我就会带一些斯顿普敦咖啡，或者本地酿酒商酿的土家酒，或者其他的波特兰名产。同时，在我返家的时候，也不会忘记带一些纪念品，送给在我不在家的时候帮我帮忙照看家、照看宠物的人。带点纪念品回去是你理应做的。

送给没去过某些地方的人的纪念品

我出去旅游的时候特别喜欢给朋友买纪念品，因为我去一个地方的时候会不自觉地想他们会不会喜欢这里，看到一些纪念品时会想他们会不会喜欢这些。我去的地方越远，就越应该买一些纪念品。但是，要想纪念品令别人满意，就得挑那种对别人有用的，而不是只在上面印有名字的普通纪念品。

人造珠宝、小手工艺品，或者是一些好吃的不收税的点心……这些都很好。如果你问一件T恤或者一个上面有大写字母BILOXI*的烈酒杯怎么样，我觉得最好还是不要买这样的纪念品。除非你的朋友一次又一次地证明，世界上真的没有什么比他们想要的杯子更好的了。在这种情况下，你就能很容易做到！

聚会时刻该注意些什么

终于到聚会的这天了！大家欢聚一堂，为我们的小特莱文庆祝！在他生命里的三十九个月里，他取得了那么多的成就！现在要进幼儿园，迈向人生的一个新阶段啦！今天就让我们好好为特莱文庆祝一番！

聚会当天：你买礼物了吗？买了，好。

聚会开始三小时前：要是这个时候恰巧要做手术，赶紧告诉主人你来不了了。

一小时前：你准备好出发了吗？如果还没准备好，提前给主人发个短信，告诉她你可能会晚到一会儿，并且说清楚大概晚多久。

---

* 比洛克西，美国密西西比州东南部城市。——译者注

晚到十五分钟以内都是正常的，所以不需要专门发短信。如果你要带一点食物过来，请确保包装完好，并且附带餐具。

半个小时前：已经整装待发了？棒极了！可以给主人发个短信，问问是否需要顺路带点冰块什么的。

聚会时间到：如果你提前和主人沟通过，需要你提前过来帮忙装扮现场或者料理厨房事宜，这当然也是一件很有意思的事情，而且你可以和主人单独相处一会儿。要是没有提前过来，这个时候可能你刚好赶到，不早也不晚。

有些主人*偏偏会在聚会正式开始前的十五分钟异常紧张，我平时就是这样。因为这时候我会担心食物、饮料、现场装扮以及整个房间是否已经全部就绪，而当时自己还身着一件很随意的羊毛衫，头发里还有做饭时沾上的食物，妆也没化，急需抓紧这十五分钟收拾自己。所以，我在这里建议大家，如果没有特殊情况，做客的时候还是不要早到，按时到会比较好，以免有的主人还没有完全收拾妥当。

丁零零……按了门铃之后，不要刻意去听房间里主人边往外走边说了什么话。门一开，你就说："哈喽！天哪！我真是太开心了！"

此刻，可能你手上拿着礼物，打算递给主人。根据习惯，平时要递给别人东西的时候，都要看到对方有一个接受的准备后才递。在这种刚见面的激动时刻，只要对方在你跟前或者离你不远，你就直接递吧，总会有人接的。

---

* 说的就是我。

最好是先进门，不要提你带了什么礼物，或者哪里没有做好而让对方见笑之类的话，因为这样就会显得你还没有完全准备好，整个人还未进入状态。

进门之后，不必去问主人这些东西该放在哪里，把你带的礼物放在桌子上，或者先扫视一眼屋内放礼物的地方，直接放到一起就好了。

往社交媒体上传照片：
要么不上传；要么深思熟虑之后再上传

事事不由己，我们不可能邀请所有人参加每场聚会。过去，人们都是小心翼翼地谈论关于聚会的事情，因为害怕伤到某个没有去的人的感情。记得在我四年级的时候，因为全班同学都受邀去了珍妮弗的生日派对，唯有我没有被邀请，为此，我哭了整整一晚上。大家都对这件事情闪烁其词，以为我不知道，但是大家都在讨论这次聚会，我怎么能不知道呢？

珍妮弗，我已经原谅你了。而且现在大家都得原谅彼此，因为社交媒体的出现使大家更难保守秘密了。

所以，除非你和主人提前说好了要上传聚会照片，否则不要随便把你们的照片上传到社交媒体上。要是你是主人，那就可以私底下跟大家说，上传集体照片的时候注意一点，因为你没有办法把所有人都邀请来，所以为了避免造成对别人不必要的伤害，最好不要上传集体照片。

如果你真的想上传照片，那就挑你和美食的合影，或者是你和另一个朋友的单独照片上传，尽量避免上传大家在一起的合照，因为万一让想来参加聚会但是没有受邀的人看到了，无意间就会造成一些不必要的伤害。在上传朋友旅游的照片时也要格外小心，因为你并不知道这个朋友是否愿意在公共场合暴露自己的行踪。

（如果你带的是一束鲜花）"我带了些鲜花*，还有，这是你要的蛤蜊，我也带了一些。你看要跟那些蛤蜊放在一起吗？"

好啦！现在"一些不言而喻的行为规范侦察行动"正式开始了。第一个很有可能就是"进门到底换不换鞋"。**

如果门前有很多放鞋的地方，你还看到许多明显是其他客人的鞋子，那你就换鞋吧。还有，如果看到主人没有穿户外鞋，那也就意味着你可以换鞋。在大多数情况下，人们都不会无缘无故在公共场合光脚或者穿着拖鞋走动。

其他一些不言而喻的行为规范

❋ 卫生间在哪里？（动用自己的双腿和眼睛！）

❋ 聊天时该用什么样的语气？（听听别人怎么说话，加上自己的常识来判断。）

❋ 我们吃什么呢？（这是一个7岁孩子才会问的问题。你可以说，闻起来真香。这样就会巧妙地把话题引到你想知道吃什么上。）

❋ 什么时候开饭呢？（当主人告诉大家"大家都入座吧/准备拿

---

* 如果你要带鲜花，最好是带可以放置的那种，也就是说带有花瓶的那种。带一束花固然好看，但是还得让主人修剪枝叶、找个花瓶，才能放下来，确实有点麻烦。所以，请记住要带花瓶。

** 对于脚臭的人，我还是建议不换鞋为好。有时候，我们并不确定自己当天的情况，所以每次参加聚会前，还是把个人的清洁工作做好为上策。

盘子/找自己身边的位置坐好……"时，差不多就该开饭了。)

* 晚宴有多正式呢？应该在什么时候用哪种叉子？（照主人的样子做！除非主人发话说可以开吃了，否则不要先动手。甚至在主人入座之前都不要入座，除非在主人坐下之前，大家都坐好了，只剩你一个客人还没坐下，这时候会让大家感到尴尬，所以就在主人坐之前坐下吧。)

* 该什么时候离开呢？（注意主人的暗示"送客"之类的话语，这一点在本章前面讲过。)

　　鸡尾酒时间到！这时候，你就可以和平时不怎么熟络的人聊聊天，加深一下彼此间的了解。你可以问问他们和主人是怎样认识的；问问他们是否也住在附近，如果是的话，问问他们来这里多久了；也可以和他们聊聊关于小主角特莱文的话题。聊天的时候，尽量把谈话往对方感兴趣的话题上引，因为人们都喜欢聊自己比较熟悉的东西。所以，有时候问问别人的工作情况是一个可聊的话题，但是问的方式需要注意一下。一上来就问"你做什么工作"有点过于直接，所以要起个"好头"，先问问"你是和特莱文卡在一起工作吗"，这样就会慢慢聊到你想知道的答案。

　　如果你在和三五个人或者一群人聊天，那么要确保你聊的话题是马蹄铁状（开放性话题）而不是封闭圆形（有局限性的话题）的。在聊天的时候，尽量把自己的手腾出来，你可以左手端着杯子，然后找一个可以放下手里盘子的地方，说话的时候可以把盘子放到旁边。

如果你想加入别人的聊天，那就大胆地去吧！你可以先以"你们好！我可以一起聊吗？"作为开场，然后接着说："我叫凯莉，几年前和特莱文卡在一次针织比赛中认识。我们合作为巨嘴鸟织了一顶帽子，当时我们都是新手。帽子织成以后，巨嘴鸟不愿意戴。但是从那以后，特莱文卡就和我成了好朋友。"

以这种方式开始和其他人聊天，你就不只是简单地介绍了自己是谁，而且讲述了一个如何与主人认识的小故事。

成功闲聊的秘诀

这是来自AKA姐妹联谊会的会长桃乐茜·布坎南·威尔逊女士的秘诀（想要进一步了解桃乐茜女士，请参考本书第四章专栏部分——亲切之理论，第120页）。

作为全球最大的女性联谊会之一的会长，桃乐茜和许多人打过交道，而她的谈话技巧是我见识过的最好的那一类——尽量针对某个人的具体情况来谈，而不是笼统地问别人一句："你周末过得如何？"

"比如，我会就对方的首饰引出话题——因为一个人的首饰总会有很多来头。或者是谈谈对方的名字是如何起的，有何深层含义。这同时也是给别人提供一个介绍自己的机会。"她说，"对于别人，我总是充满好奇——你为什么加入联谊会呢？你为什么选择住在波特兰？这个周末怎么会来这儿玩？"

她还说，要留心观察。比如她会问对方："我注意到你是和某人一起来的。你们俩是怎么决定一块儿来这儿玩的呢？我看你们是坐火车来的，为什么选择坐火车呢？"

尽量记住别人的名字，这对别人也是一种尊重。我在问别人名字的时候，习惯于问具体是怎么拼写的。因为这样的话，我就可以在脑中写一遍对方的名字，自然就记得更准了。比如别人姓张，我会问是"弓长张"还是"立早章"*。如果后来你真的忘记别人叫什么了，你完全可以再问："实在不好意思，请问您贵姓？"忘记别人名字也没关系，因为别人也有可能忘记你的，之后记住便好。

哇哦，晚宴时间到！也许这次是吃自助餐。在这种情况下，你唯一需要记住的是，所有餐点是根据就餐人数来安排的，要确保你的取餐量至少比人均配额少15%。但是在看到螃蟹和龙虾之类的美味时，内心那个自私的自己就会跳出来说多拿点。这时候也不要太纠结，想拿又不好意思拿，说不定旁边的人刚好对海鲜过敏，那么你就可以多吃一点；也说不定最后没有你的份儿了，最坏的情况也不过就是下回再吃嘛。

如果你参加的是就座等餐的宴会，那就在每一道菜端上来的时候对上菜的人说："看起来真不错啊！"赞美一下辛苦劳动的人永远不为过。

座次其实也是有讲究的。如果座位旁边没有放置人名卡，我习惯于考虑一下在客人中间自己处于怎样的位置，然后再去决定坐在哪里。我的意思并不是说某些客人比其他客人重要，而是在想，如果这次聚会是专门为某个人举办的，如果有对于主角来讲很重要的

---

* 原文举了一个以英文字母C开头的例子，她会问是写C还是K。因为在英语中，这两个字母有时候发音是一样的。——译者注

家人或者远道而来的朋友，如果当时现场有尊贵的长者*，我就尽量把他们让到上座或者尊席。

如果恰巧宴会上有一位你一直敬仰的人物（这里假设是伊丽莎白），那你可以在开饭前悄悄对她说一声："伊丽莎白女士，一会儿我可以坐在您旁边吗？"这样是完全可以的，但是最终也不排除发生什么意外把你们分开。

在这种场合，没有必要非得和你的那一位坐在一起，平时你们在一起的时间已经够多了。

如果你想称赞食物美味，那就可以直接赞美。比如：这道西班牙什锦饭是怎么做的？简直太好吃了！还有杏仁酥糖！这道照烧黄瓜橘实在是太有创意了！把牛肉干当作配菜这个点子简直是太妙了！

在别人品尝自己手艺的时候，也是一个挺"难熬"的过程，因为你为做那道菜付出了很多，当然希望得到别人的认可与称赞。我母亲和我出了名地会对自己做的菜"征求别人的认可"——如果在菜端出来的十五分钟内没有听到第四次称赞，那么我们就会在自己做的菜上找问题：是不是不够好吃？下回会做得更好。通过不断改进，最后所有菜都被赞不绝口。

所以，在品尝别人的手艺时，不要吝啬自己的赞美之词。善于发现主人的良苦用心，对于主人的一切付出（包括漂亮的场地装扮、精心准备的

> 如果在主人家里的床上发现虫子之类的东西，最好不要说出来，自己默默处理掉就好。因为金无足赤，再好的房子也会有瑕疵。
>
> ——莱斯利女士谈不要害怕不完美。

---

* 长者几乎都尊贵。

菜谱，以及其他对你的贴心关怀），都大方地赞美一下，表示自己的认可。

在享受美味的时候，要有节奏地、慢慢地品尝，如果在吃的过程中对大家讨论的话题很感兴趣，想要参与其中，那最好不要吃大块的东西，因为说话的时候满嘴食物是对他人不尊敬的表现。同样的道理，在你想跟另一个人交流的时候，先观察一下别人，在别人刚吃了一口食物的时候，就先等一等，然后再开口。

晚宴过后，该何时离开呢？这是个问题。吃完饭，或许主人会邀请大家移步去沙龙，欣赏一段小特莱文的演奏曲；又或许甜点一过，聚会就结束了。如果甜点之后没有其他活动安排，稍作逗留就收拾东西，起身离开吧。因为主人也累了一天，很希望在一天结束后听到客人的赞美：一切都办得很好，食物可口、活动有趣，小特莱文真的是最幸福、最聪明而且全面发展的孩子……今天真是难忘的一天啊！

看到了吧？用过去时态完全没问题，每个人都能做到。如果你选择的离开时间是合理的，而且你不是第一个离开聚会的人，那么你就这样与跟大家道别，祝愿大家度过一个美好的夜晚，说你很高兴见到他们或者希望下次再见到他们，还要谢谢主人，然后就可以收拾东西离开了。

如果你需要早一点离开，也不要大张旗鼓地让大家停下正在进行的一切，一块儿送你走，你只要悄声跟主人说一声"大家先聊着，今天真的很

> 热情好客可以说是得体待人接物的重要组成部分，但是恐怕现如今的热情好客已经变了味，少了些真正重要的轻松愉悦，却莫名其妙地多了些操劳与烦恼。
> ——《礼仪便携手册大全》中谈到，待客没那么可怕，放轻松便好。

在你必须得离开的时候……

有时候，我们以为只是参加一个三四个小时的简单聚会，没想到一到现场却发现聚会场面很大，一共有14道菜。当午夜钟声敲响时，餐点还没有上完，离聚会结束还早着呢。

在这种情况下，你完全可以决定自己的去留，尤其是刚好赶上周末，你家里还有孩子要照看或者有其他事情要做。

差不多在你想走的前一个小时——比如你打算在晚上11点离开，这时候已经10点了，而且聚会明显还处于高潮，离结束还远远着呢——你可以稍微暗示一下主人，你想凌晨两点前离开，让主人有个心理准备。

具体怎么做呢？你可以跟另一位客人以一种旁边人也可以听到的不大不小的音量说："唉！我平时过得太无聊了，平时晚上11点就入睡了。今天能出来玩真是太爽了！"这就让别人明白了你今天在聚会上玩得很开心，但是你是一个习惯早睡的人，不能熬夜。

如果时间已经很晚了，你可以假装问你的另一半明早的飞机是凌晨4点的吗，这样可能也就把问题解决了。

说句"事后诸葛亮"的话：要是你早知道这次聚会耗时这么久，你就不会来了。但是，也不全怪你，因为主人没有提前通知聚会会进行到这么晚。

或者也可以这样做，抓住你和主人独处的机会，表现出你身不由己、必须得走的无奈。

"特莱文卡，我真的不想这么早走，但是我家的哈巴狗实在是个问题。不按时喂食的话，它们就会严重表示抗议，把整个屋子搞得乱七八糟，真担心我雪白的沙发套……所以我非常抱歉，我必须在12：30左右离开。我很希望自己能陪着大家聚完，小特莱文真的很可爱、很聪明，也很幸运，他能有你这样的妈妈。"

开心。不过，我还有事，得先走一步"就可以了。

好啦，出门上车，和自己击个掌，然后自由地驶向家里吧。面带微笑，甚至整个身体和灵魂都在微笑，你知道离自己的沙发、奶酪和喜欢的节目越来越近了。

去别人家留宿

去别人家留宿堪称最有挑战性的做客之道了。不知道我的见解是否和你的一致，在我看来，有人请你去他家从早待到晚（暂时性地），对你来说真的是一件美事。

这就是做客之道的关键：主人肯定会做他们认为适合的安排，让你感到舒适，觉得自己备受欢迎；作为回报，你欣然接受对主人所付出的一切就好，不要妄加评论。

下面就让我们把整个留宿过程理一遍吧。

留宿之前

太好啦！有人邀请你去他家留宿做客啦！但别人的邀请方式一般不会是这样的："请问你下周五晚上7点左右可以过来一起吃个饭吗？"而是几周前或者几个月前发出的邀请："我住在某城，来我家待几天吧。"主人的言下之意是说："我喜欢和你待在一起，你不妨过来玩几天吧。"

通常情况下，我是不会主动要求去别人家待几天的（除非是和有血缘关系的亲戚，或者是关系非常好的闺密）。我会事先给朋友发个电子邮件或者短信，说过几天会去他家所在的城市玩几天，也非常想见见他们。

收到我的信息之后，他们可能会主动邀请我去他们家住几天，这样就太好啦！他们也可能不会主动邀请，那我就不会问了。因为这毕竟不是一件小事，所以最好不要让对方因为拒绝你而难堪；或许人家不喜欢别人闯入他们的私生活、打乱他们的安排，或者是其他任何私密的事情。

太棒了！约好日期啦！哈蒂斯堡，密西西比州，你要出发啦！现在，考虑一下自己的安排：你是想把大部分时间花在和主人待在一起呢（"我特别想多和你待一会儿，但是我知道你这几天忙着你的博士论文终稿，所以……"），还是你去那里主要是为了办别的事情（"见到你，我非常激动，但是我要去开会，所以整个周五、周六和周末都不能和你出去玩，但是我们可以晚上一起出去逛逛吗？"）？

如果你的另一半或者你的好朋友甚至是你的宠物要和你一起去，不要想当然地认为可以不告诉主人，最好提前说一声（"你看某某和我一起去可以吗？"）。

同时，最好跟主人说清楚你到达的时间和离开的时间，而且最好按照你说的行动，这样好让对方有所准备。

如果主人热情地要求去机场或火车站或汽车站接你，那当然很好，你可以感叹一句："真的吗？那太好啦！"然后欣然接受。

如果你到的时间对方不是很方便，你可以提前告知对方："不好意思，我到的时候是凌晨3：37，所以不用你操心，我打车去你家。你到时候可以给我留门吗？这样就不会吵醒你了。"如果对方坚持要来接你，那你就接受吧。

婚礼现场注意事项

宾客须知

如果你是去参加婚礼的客人，那么恭喜你！客人的任务很简单。

* 尽快给主人回函致谢（口头的不算）。

* 买一个在你经济能力承受范围内的礼物，除非是主人另有交代，否则就直接寄送至给你发邀请函的地址。之所以不亲自带过去，是因为要牵扯很多道麻烦的手续（比如：要带到哪里？路途中谁看着礼物以免发生意外？等等）。

* 准时出席婚礼，并且着装得体。如果你不清楚要穿什么，可以问问同样去参加婚礼的朋友。如果还是有疑虑，那么穿得更正式一点肯定会保险一些。避免穿那种博人眼球的装束、大 V 领低胸的衣服等。

* 在婚礼仪式进行的时候，要举止得体（最起码表情要符合现场气氛），然后一起开心地享用美食、美酒。

* 对那些为婚礼付出的人，不要吝啬自己的赞美之词*，但要注意，婚礼当天，新郎新娘无法顾及所有事，他们也许会表现得无措、精疲力竭或有些醉意。此外，满屋子都是新郎新娘最亲近的人，当然包

---

* 最令我难以忘记的人是艾伦·卡普兰，他就像我的义父一样。他说，他在我的婚礼上比在他自己的婚礼上都开心。

括你在内。这时候，尽量把机会让给不经常见到新郎新娘的人，让他们多和新人在一起聊聊。

作为客人，不论发生任何情况，都得做到以下几点：

- 在婚礼前一个月内，不要不停地给新娘发短信、打电话，询问婚礼的准备状况。就像我的良师南希·凯芙尔打的比方："新娘就如同一个小小的、充满活力但又能力有限的首席执行官，公司处于起步阶段，首席执行官得照看大大小小所有事务，她得足够轻松愉悦地应付上百个电话。除非有什么特别重要、十万火急的事情，否则最好不要给新娘打电话[*]。"
- 不要随便在婚礼现场拍照，除非你是付费请来的专业摄影师。只要按规矩出席就好了，每一刻都有可能被记录在专业摄影师的录像带里。
- 不要被气氛所感染，或者因为喝高了[**]而出其不意地向别人敬酒。
- 不要在跟主人说了你不能出席，当天你却又到了，这就像真人版厄里斯女神带来了引发纷争的金苹果[***]。
- 婚礼的主角是新娘，不要穿着自己的婚纱出席。

----

[*] 你想知道的答案在哪儿都能找到，你可以登录婚礼网站查找你想知道的东西。

[**] 这是可以接受的。

[***] 在希腊神话中，厄里斯是纠纷与不和女神。传说珀琉斯国王同海洋女神结婚时邀请众神参加婚礼，唯独没请厄里斯。于是厄里斯决意报复，暗中把一只金苹果扔到欢快的客人中间，上面写道："送给最美丽的女人。"结果在众神之间引起了一系列纷争。

给亲自操办婚礼的新郎/新娘的建议：

可怜的新郎、新娘啊！一切都得亲自操办，没有人给他们建言献策，也没有婚庆公司帮忙，有时候甚至让人怀疑这还是婚礼吗。

我开玩笑呢！我是过来人，也曾做过新娘。当时我付出了很多努力，做了许多功课，最后终于在自己的婚礼上大显身手。现在，我觉得自己可以作为一位有能力一手操办婚礼、能够给宾客带来快乐的合格婚礼策划者。下面就将自己的经验分享给大家：

1.不要因为看了品趣志（Pinterest）*上面的图片或者想法，而否定自己的创意：我在婚礼前一直坚持没有看它，但是最后两周没坚持住。看完之后我就无比后悔，因为那上面不断更新更好的婚礼设计创意，但是我自己的已经设计好了，再改动的话就会很麻烦。婚礼临近，你已经把一切备齐，那么对品趣志还不如不看，不看的话，感觉会好很多。

2.婚礼最重要的四点：

❀ 结婚。

❀ 穿上婚纱要美美哒。

❀ 办一场皆大欢喜、不醉不归的婚礼。

❀ 给大家留一段美好的回忆。

坚决杜绝任何违背上面这四点的事情发生。

3.珍惜上面有客人名字的物品，尤其是请柬和结婚礼物，这样才会显出对他人的敬重。

4.邀请重要的他人。要是你的朋友中有单身人士，那你就把这些单身人士请来，看他们会不会互有好感；不要让某个单身的朋友来后因为一个人也

---

*　一款以图片形式分享各种活动策划方案的社交网站。——译者注

不认识而尴尬，至少要请两三个他/她比较熟悉的人一起来。

5.要知道，事情是不会一直按照你内心的想法来进行的。所以要淡然处之。

给那些不用自己操办婚礼的
新郎／新娘的小建议

如果不用你帮忙，那你至少不要给对方"帮倒忙"。不管你的另一半说什么，点头表示同意就好，就算他/她说的跟十五秒前所说的不一样。如果对方的行为过于不讲理或者做得太过分，在你耐心的劝导之下还是不改，那你就应该认真考虑一下是否还要和这个人结为连理。一切准备就绪，带个小礼物吧（如果你去拜访一家人，那礼物就多多益善啦）。背好行囊，开始下一步……

做个得体的留宿客人

通过前面所讲到的如何待客的部分，或许你已经知道待客是一件多么不容易的事情。但是，总有这么一群人，他们会非常自然地接受你到他们家里待几天，因为他们觉得这样很开心，很有意思。不过，世界上什么样人的都有，也有很不乐意客人来拜访的人。所以，在下面的讲述中，我们就默认主人是个待客热情之人吧。

你去别人家做客，主人肯定是尽自己一切努力让你感到舒适（不管是身体上，还是心理上、精神上，甚至是性上！ *）。不管主人做什么，作为客人，都要感谢主人所做的一切。这是一种情况，但也会出现没有受到主人款待或者重视的情况，如果你不幸属于后者，那么事后你肯定会在心里对自己说："这几天真是度日如年，

---

* 关于这方面内容，请参考176页"招待情人的时候……"。

我也学会了很多，认识了自己也认清了他人。我再也不会去了。"*

　　但是，再怎么不开心，在别人家，你都不能表现出任何不快或不满。**

　　其实，作为客人，你的任务就是轻轻地来、轻轻地走：在合适的时间出现，带给大家些许欢乐与礼物，然后再挥一挥衣袖，从别人的生活中消失。

　　除了这些，最好不要让主人过分留意到你存在的痕迹，不管是通过视觉、听觉还是味觉（脚臭味）。

　　当你刚进别人家门时，问下面这些问题并不过分：

　※　Wi-Fi密码是多少？***

　※　卫生间在哪里？

　※　我可以在冰箱里存点东西吗？

　※　有什么我需要注意的问题吗？

　※　有没有什么贵重物品，或者是拿钱都买不到的东西我需要格外注意？（最好不要问得这么直接，但是，如果有古董之

---

*　要是对方再次邀请你去他家做客，你可能会宁愿晚上出去住宾馆，也不愿意在他家过夜。

**　你也不应该在公共场合或者跟其他人抱怨，毕竟人家请你去他家做客了，你要做到对他人最起码的尊重。

***　这永远是我进别人家最关注的东西。

类的东西，还是要问一下。）*

🌸 万一留我一个人在家又赶上我要外出，有什么锁门方面的注意事项吗？

🌸 什么时候有时间咱们出去一起吃顿饭，回报一下您对我的款待？（也不要问得这样直接，尽量说得委婉一些。）

🌸 其他。

在别人家做客时，主动询问主人附近哪里有好玩的、好吃的，然后不用再麻烦主人，自己就可以去了。要是主人也愿意一起去，那便再好不过了。凡事尽量不要麻烦主人，争取自行解决。千万不要什么事情都靠主人，比如：我们今天准备干什么？准备吃什么？我们今天是要去游泳吗？还是要去射击？抑或是要去徒步旅行？或者是问出其他只有8岁小男孩野营时才会问他营长的问题。**

请记住，对你来说，去别人家做客是去度过一段有趣的假期，但是主人并没有玩乐之心，而是在踏踏实实过自己的日子。虽然人家

---

* 这是一个真实的故事——当时我去一个朋友家做客，看到她家床头柜上放一只特别精致的碗（我以为是个普通的碗而已），然后我拿着碗去厨房洗了洗，往里面倒了些酸奶，喝完之后又洗干净放到厨房里了。后来我在厨房里看到她看了看那只碗，又看了看我，我就知道大事不妙了。这时我才知道这并不是一只普通的碗，而是一个已经去世的著名瓷器匠的作品，有两百多年的历史，是无可替代的——如果它是可替代的，我认为买这样一只漂亮的碗只需花费一二十美元，实际上这只碗是无价之宝。于是我接着问房间里面还有什么贵重的物品需要我注意，我很庆幸有过这段经历，让我以后都会多加小心。

** 也不要因为半夜不敢出门而把别人叫起来陪自己。对，在1999版的《少年帐篷探险》中就出现过这种情况。

有时候会好好陪你玩，但这并不是人家的义务。所以，不要"理所应当"地把别人当成你的免费私人导游。

还有一点很重要，那就是尽量保持自己所在的房间干净整洁。就算你和我一样，在自己家里，衣服可能都快堆成草垛了，但是在别人家就不一样了。一定要把自己所在的地方收拾好，这样也就不用因为房间乱而老把房门关着了。

好啦！相信你可以做一个受人欢迎的客人，你就是卫生之星！在别人家里，不要未经过别人的同意就随便翻箱倒柜、拿这拿那，不要在晚上制造噪声，要注意自己的一言一行。

> 不要让客人有任何生分的感觉，要让他们觉得很自然地融入了你的生活，并没有给你添乱，而他们会自然地接受你安排的一切，尽量少打扰你。
>
> ——我真希望自己是像塞缪尔·威尔斯那样酷的主人。

小结

亲爱的，相信你可以做到得体地拜访朋友、接待朋友以及通过这一系列来往加深彼此间的友谊。

永远不要忘记：只要你懂得做客之道，你的朋友就会主动邀请你——甚至是"求你"到他们家做客的。

这里说个题外话，有一次我和一位世交的女儿聊天，她是一个非常可爱的姑娘，名字叫埃尔莎。我告诉她下次来美国玩的时候记得来俄勒冈州找我*，然后她的回答让我一辈子都忘不了：

"啊！当然！你也知道的，我爸爸有一艘超级超级大的船。你夏天再来西西里的时候，咱们可以一起划船！我们喜欢到处旅游——撒丁岛、卡普里岛（意大利）、马略卡岛（西班牙）……到时候你尽管来！我们一起乘船周游，我们还会给你准备一个专属的船舱！"

目前我还没有应埃尔莎之邀去西西里玩，因为首先我很想在俄勒冈州好好地招待她。但终有一天，我会去西西里岛乘坐那艘超级超级大的轮船；其实，大家都会乘坐那艘超级超级大的"轮船"，陪伴所有好客的主人和有礼貌的客人去"畅游世界"。

---

* 埃尔莎酷爱旅游，在这个故事的最后你就会明白的。

第七章

"亲切"每一天

亲爱的读者朋友，早上好！看，我们不是还活得好好的吗？这本身就是开启新的一天的好消息！听到这个消息，我也很开心。

早上起来，请你抽出一点时间留给自己，伸个懒腰、眨眨眼睛。如果你是一个像我一样喜欢在梦里唠叨个没完的人，就先让自己的嘴巴歇息一会儿吧；抚摸抚摸坐在你怀里的猫咪，也许它早就在期待你们亲密接触的这一刻；对身边的人或你的宠物说句"早上好"，就算前一晚他们还惹你生气，但是，无论是谁，在新的一天都值得一句问候。

现在，摘掉眼罩，露出你甜美的笑容，迎接这崭新又美好的一天吧！

让我们一起迎接后面美好的人生，尽自己最大的努力，避开假、丑、恶，拥抱真、善、美。无论你是谁、以前过得怎样，让内心最纯真的天使来引领自己成为更好的人吧。不只是你，亲切的女士或男士或其他人都会被这位天使引领。

那么，新的问题来了，先不说最纯真的天使是从何而来的，更重要的是，从今天起，你想成为什么样的人。

回答这个问题并不容易，重要的不是你制订的计划都有哪些，也不是抱怨得不到想要的东西（比如想上一节普拉提课程而没有机会上），更不像按部就班做事情那么简单。

对于这个问题，你内心的小天使和我都回答不了。重要的是你自己到底想成为什么样的人。虽然我回答不了这个问题，但是我可以提供几点每日建议：

- 今天，不论做什么，我都要三思而后行。

- 今天，不管他人如何，我都要做个举止得体的人。

- 今天，我想高效地工作，这意味着今天我不能和我遇到的每个人或友好的狗长时间地交流，但是我会原谅自己，也可以解释说自己正忙于紧要的事务，并且会很快忙完。

- 今天，我的心情有点低落，但是对身边的每一个人我都要加倍友善，因为说不定别人比我心情还低落，而且待人和善也会让自己的心情好一点。

尽可能多地去夸赞你的朋友，这样在令对方快乐的同时，你的人缘也会变得更好。

——在这方面，莱斯利女士是最积极的。

如果天天如此，那就很完美！现在你知道自己该怎么做了吧——用我自己在做瑜伽老师时候的话来说，你已经开启了"有爱模式"。

比起起床干活儿，赖在温暖的床上当然更舒服。但事实是，你不可能整日都赖在床上，就算外面再冷、再不舒服，你都得离开自己的温床。为了减轻从床上过渡到地面的痛苦，你可以像我一样，给自己准备一些缓冲的东西，比如在床边搭一条柔软又舒服的毛毯，一直拖到地板上，那种感觉是不是像上帝给予的一个温暖的拥抱？再准备一双软绵绵的拖鞋？一下床就要踩在坚硬又冰冷的地板上，在那里准备一块足够干净的毛巾？在床与世界上其他地方之间准备一些过渡用品，无论你打算做什么，开启新的一天都不会那么困难了。

好啦，起床之后，我对你有一个要求，虽然这是个小小的要求，但是我真心想要让你做到的。

那就是，打起精神、化个美美的妆，把自己收拾得好看些。 **

好看并不意味着必须穿有时会令脚难受的漂亮高跟鞋或花几小时化浓浓的妆，或者额头上没有一个痘，好看也并不是指必须穿昂贵、华丽的服饰。

好看不是某种公认的标准，而是让自己感到有力量、有朝气。

---

* 在这里澄清一下，在基督教青年会的时候我"客串"过几分钟的瑜伽老师，而且我的学生基本都是七十多岁的人。当时是因为他们的瑜伽老师不在，需要一个老师来代课，刚好我在我的瑜伽老师朋友阿普里尔那里上过很多堂瑜伽课，学了不少本领，所以我就暂时"客串"了一下老师这个角色。当时我经常轻声对学生说："在你每做一个动作的时候，想象一下自己的脊椎，把它视觉化，在每一次呼吸时，想象自己的脊椎正在放松，并且记住身边每一个人的身体里都拥有这样柔软灵活的脊椎。"

** 下面这种情况除外：有些带孩子的全职妈妈忙得不可开交，根本没有时间收拾自己。所以要具体情况具体分析，抓住自己的重点才是最重要的。

时尚小贴士

* 其实每天穿风格类似的衣服并没有什么不好的，我的衣橱一打开，映入眼帘的就是一些简单的海军蓝、纯白、金色、琥珀色的衣服，而且互相可以完美搭配。如果有人嘲笑我太过单调，我是不会在意的。因为我觉得这样就可以，不想在什么和什么搭配上多花一分钟。

* 说起珠宝首饰，要是你反感首饰的话，那就直接跳过这一段看下一段吧。不过，我是一个酷爱首饰的人，因为它们几乎可以和任何衣服搭配，而且会给衣服增色，它们的优点实在太多了，我都说不完……要是你只喜欢银首饰或金首饰，或者其他比较独特的首饰，也不要觉得每天都戴同样的首饰有什么不好的。当然，对于自己的项链、手镯或其他你喜欢的东西，不要不舍得投资，但同时也不要以这种方式展示你的财富。它会永远跟着你吗？你会不会天天戴着它？如果你天天都戴着，它会不会给你带来幸福感？如果对于上面这几个问题你的回答都是肯定的，那就随你的意愿购买吧。而且你买来的就属于你的财产，就算在快要离开人世的时候，你也可以把它送给他人，让他人保管。

* 宁缺毋滥。我有两双非常不错的长靴，都有超过十五年的历史了。其中一双是我的教母传给我的，另一双是菲拉格慕牌的，当时是我在易趣（eBay）[*]上花四十美元买来的。我对它们相当爱惜（我一直用皮革

---

[*] 知名购物网站。——译者注

专用护理液保养它们），所以它们依然漂亮如初，很是时髦。

* 推荐其他一些值得花钱入手的东西：经典款黑色平底鞋（或棕色或海军蓝，以及其他你偏好的颜色），一件暖和的冬季大衣，一件时尚的春秋季外套，和一个非常结实又好看且装得下一台笔记本电脑的包。

* 在你逛旧货店的时候（或者其他普通服装店铺，我反而觉得这种店里的衣服质量更好、式样更多且不易过时），最好买大一号的衣服，因为大一号的话可以根据你的身材做后期裁剪。一条15美元的裙子花25美元去裁剪后就会更合身，看起来就和花200美元买的裙子差不多。

* 我发誓这是我最后一次提及琥珀色。但是，说真的，琥珀色皮革制品真的是一种神奇的存在，可以和黑色、深棕色、海军蓝、纯白色、中性色、淡色服装甚至透明珠宝一起搭配。琥珀色可以称为万能色，人见人爱。比如这款搭配：驼色大衣＋琥珀色长靴＋琥珀色手提包＝绝配。

* 我们再来看一下化妆品。之前我从美妆杂志上看过一个关于日常化妆的小测验："你的化妆风格该换了吗？"其中有一个问题是说："你每天都涂正红色口红吗？"上面还有一大串类似的问题，其目的都是："你怎么能一成不变呢？朋友们，换个风格试试吧！"但是波比布朗（化妆品品牌）的创始人波比的话让我印象深刻，她的话大概是这个意思：如果你每天都是涂正红色的口红，最好不要再换，就坚持用这个色系。我平时喜欢穿浅粉色系的衣服，按理说不该涂正红色的口红，但是正红色能让我整个人心情好起来，所以我天天都涂正红色，誓死不换。

* 有时候大家会突发奇想，想给自己换个风格，但是有时事情进行得

并不是那么顺利。比如我想给自己做个发型，每次都会过火，就算我不想弄了，我也管不住自己的手。如果我坚持尽全力好好做，做出来的也是看得过眼的，毕竟做头发不像高科技那么难。头发只是我身体的附属品而已，我想怎么摆弄就怎么摆弄。

- 我每年的新年心愿都是和打扮自己有关的（因为达成这样的心愿也比较有趣，不像其他普通心愿那么难以实现）。2010年，我的新年心愿是把自己的发型变成蜂窝式（20世纪60年代流行的发型）。1月过去了，2月过去了，日子相当难熬，蓬松的头发老是软绵绵的，但是，到了7月，我的头发终于定型了。现在我拥有蜂窝式发型了。这件事说明，世上无难事，只要肯坚持。只要有耐心并坚持下来，任何事都会被你摆平的。

- 如果你和我一样也喜欢红色或者亮色系的口红，这里给你提几个小建议。去丝芙兰（Sephora）*或者乌尔塔（Ulta）**店里，把所有红色系的口红都试一遍（包括品红色唇彩和黄色眼影），找出最适合你的一款。不管是什么化妆品，都要小心使用，比如涂口红的时候要先小心画唇线并涂唇膏保持唇部水润，为了更精致，可以用口红刷。如果是画眼影或者打腮红，也要轻轻涂抹，晕染开来。女性朋友们，再怎么美都不为过，所以好好打扮自己吧。

什么才是好看呢？如果你穿这条裤子或裙子很合身，就是好看；把让你能够有美好记忆的首饰戴在身上就是好看；涂上一款很适合自己肤色的口红就是好看……不管是什么，只要能让你展现出最好的自己，那就是好看。

有一次，我在密西西比州做关于帽子文化*的采访，那里有这样一群成功女性，她们每天都会戴一顶帽子，而且各有特色。于是我从帽子入手去采访她们。原来，她们每天戴帽子不是为了展示自己的财富，也不是单纯地为了梳妆打扮，而是通过这顶帽子向这个世界展示自己的内心，同时在他人（包括我）看来也比较赏心悦目。

我问过一位戴帽子的女士："为什么你有这么多不同的帽子？为什么每天戴的帽子都是不一样的呢？"

"这个嘛，"她停了一下，然后慢吞吞地说，"凯莉，我觉得，明天或许我就会被一辆公共汽车撞到，谁也说不准。万一明天我真被一辆公共汽车撞了，那么我必须戴上我好看的帽子过完今天这一天。"

这位女士所说的帽子和生命的关系很有道理，虽然我不像她那样有天天戴帽子的习惯，但是我懂她的意思。她要以自己最好的状态度过生命里的每一天，她用帽子给自己和世人带来无限的快乐。

所以，不管是什么，只要穿着能给你带来快乐，那就穿上吧。要是某天真的遇上不幸——被公共汽车撞了，那也无怨无悔了。

---

* 就是以戴漂亮时髦的帽子作为一种生活方式，如果你看到这里，想做一本关于帽子文化的杂志，我会非常支持的。

亲爱的，记住，虽然衣服最基本的功能是保暖和遮羞，但是仔细想想，衣服也是把这个世界装扮成我们想要的样子的重要工具。

时尚与金钱无关。时尚并不是照着潮流杂志打扮自己。时尚是看你如何向世界展示你自己，如何选择一个适合自己的发型，只要每天扎丸子头能带给你快乐，那就每天都扎丸子头，这就是一种时尚。

此外，如果一件东西能带给你快乐，那就善待这件东西。比如这件衣服该挂起来，不能折叠，那就挂起来存放；如果鞋子沾上了泥点，那就在泥点留下印子之前赶紧擦干净……

如果你在晚上睡觉前已经计划好了第二天穿什么，那就很不错！如果没有，那就等到第二天看看天气如何，再根据自己的心情来选择穿什么。

当然，没有人能够强迫你做你自己不愿意做的事情，也没有人可以强迫你穿既贵又不合适的衣服，大男子主义*已经被淘汰了。所以，就穿自己钟爱的、喜欢的衣服，化自己喜欢的妆，戴自己喜欢的首饰，不管是祖母的祖母传下来的珠宝，还是游戏奖品墨鱼项链，你喜欢并且戴着好看才是最重要的。

这其实就和强迫自己对陌生人微笑与自己主动去微笑待人的差别一样。用一双善于发现别人的美好品质的眼睛看待世界，你自然就会微笑。不管你今天准备换哪个发型、涂哪种口红，还是选择素颜朝天，原则就是要让自己快乐。

你真的很好看！相信你自己，向这个世界出发吧！

---

* 一提到关于强制的话题，必提大男子主义。

出发前的几句唠叨

不管什么时候，都要记住安全感是第一位的，安全感比礼貌重要。如果在某种情境下你会感到莫名的不舒服，最好相信自己的直觉。相信自己脑子里面的第一反应肯定没错，因为从科学角度讲，人的大脑是经过漫长的进化而来的。所以，如果一个人、一个地方或者某个情境令你感到不安或恐惧，那就听从自己内心的感觉，采取必要的行动使自己解脱出来。我们都要选择对自己好一点。

再来啰唆几句

如果你看了接下来的内容，可能会想：哇哦！凯莉真的打算就乘地铁这种小事大篇幅地讲解吗？什么？要讲足足四页吗？

是的，我是这样做的。谈这个话题是有原因的。不仅是因为这本书刚好是我从纽约回来写的，途中经历了乘坐交通工具的过程，还有一个重要原因：我终于克服了"坐地铁恐惧症"。

坐地铁确实是一件很可怕的事情：你得和一群人挤在一起，排队等着上车，被人群推搡着上车、推搡着下车，在一大群陌生人中间游走，时刻担心着坏人的不良行为，还要在不影响他人的情况下给自己寻找一个舒服的站姿，真是难上加难。

和我同样有坐地铁恐惧症的朋友只要克服了坐地铁，那面对其他类似的场合时就不会有什么问题了（除了超市或者菜市场），比如乘坐电梯、在机场过安检、沿着人群拥挤的大街行走，等等。只要按照下面的准则来行动，你在任何类似场合都会行动自如。

乘坐公共交通工具行为准则

在乘坐公共交通工具（或者任何拥挤的场合）时，我都在心里牢记两点：

1. 不要"以自我为中心"，我只是这茫茫人海中的一员而已。具体来说，就是随大溜走，不要站在自动扶梯边上，等着别人撞到自己。

2. 找到一个安全且舒服的站姿，不致被紧紧地包围在一个小空间里，脖子缩到颈窝里，而有些人可能会做一些与"安全且舒适"相反的选择。

在你身入其中之前，首先花几分钟大概想一想：你打算用哪种支付方式买票？需不需要整理一下自己的行李？要不要准备一些随身要用的物品？在使用自动扶梯前就把上述问题想清楚，这样会省事很多。

在机场排队过安检、在便利店排队结账也是一样的，轮到自己之前把一切都准备好，不要影响到后面的人，招致别人的怒色。

身处人群中，最好随大溜，如果你必须得转线或者离开人群去别的地方，那就先小心翼翼地从人流中走出来，在自动售票机旁边或者人少的地方缓冲一下，然后再动身。

继续回到人流的问题上。有的地方通道比较狭小，基本上没人会在那里逗留，所以，如果你想在这里改变方向或者离开这里的话，最好用你的肢体语言告诉身边的人你的动向，同时也要观察他人的动向，这样就可以在不影响匆匆人流的同时顺利离开了。

哈！车来了！听着声音、闻着气味就知道你正在等的那辆车开过来了。在车驶过来的时候，要知道最基本的安全准则：往后站一点。但是，有时候人们不会这么做，他们会迫不及待地抢上抢下。其实，等下车的人下完之后再上车反而更有序、速度更快。等你上车之后，找一个安稳的地方站好，尽量少占点地方。要是有人侵犯了你的私人空间或者对你不礼貌，而且不向你道歉，那就毫不顾忌地瞥他一眼，给予警告。要是他故意侵犯你的人身安全，那你完全可以提高音量"回敬"："这位先生！请问你摸我干吗？！你又要摸我的屁股了吗？先生，我希望你别再这么做。这么做是违规的，我不介意给你一击。"这样做不失优雅，同时提醒了大家。不要低估在公共场合大声指责坏人的力量。

夏天，公共交通工具里的气味会不好闻，我有一个办法，那就是用嘴巴来呼吸。在手上涂一点手霜或者防晒乳，然后假装很随意地把手放在嘴巴旁边，这样就好闻多了。

或许某天乘车时，你很幸运，有很多空座位，车间内也很安静，手机里有一集时间长短刚刚好的播客，那就太完美了。找个座位享受此刻吧。

"每个人的忍耐力和舒适度是不同的，"丽兹·波斯特如是说，"在公共场合，每个人都有自己的私人空间，这话不假，而且这个私人空间一般是不能被他人侵犯的。如果你听播客、在手机上写报

文明驾驶

　　驾车上路再怎么小心也不为过，安全第一。何况你是驾驶着一台硕大的机器以约每小时110千米的速度在公路上行驶。

　　虽然驾车是一种十分美妙的体验，但是开车千万得小心，因为一不小心就可能发生人命关天的事情。[*]

　　所以，作为司机，开车上路，头等重要的事就是注意安全。文明开车同样也可以为人民做贡献（可以保证大家都能够安全到达自己要去的地方），如果人人都文明驾驶，那么受益的是这个社会的每个成员。

　　通常来讲，最安全的做法就是随大溜，开车要随时关注前后的情况，小心驾驶。

　　如果大家车速都比较缓慢，后面有想超车的车辆，那就让他/她超过去吧。

　　最好不要插队，也不要在车辆稀少的左车道突然加速闯入右车道。

　　对于那些不讲理的司机，就和前面说过的对付不讲理的人一样，走为上计。要是前面有人开车乱占道、不规矩，那就超过去，将其远远甩掉，不管他/她要耍什么把戏，都只能在你的后视镜上演而已。

　　我特别赞同匹兹堡市交通委的左转规定：在十字路口碰到要左转的车辆，只要是绿灯，对面直行的车辆会让左转车辆优先行驶。这样就不会耽误大家的时间了，时间就是生命。

　　要是有人在车内唱歌或者跳舞，你假装看不见就好了，因为人们有权在

---

[*]　我不禁想起一件事，那就是公司的裁员情况其实也是一样的，都是由那些手握重权的高管决定谁去谁留。

心情愉快的时候唱歌跳舞。

如果你看到其他车辆出现特殊情况（比如有些物件掉落了，轮胎泄气了），你可以通过闪烁车灯来提醒对方，但不要在对方正在开车时提醒，要不然对方会不理解你的用意，同时你自身也没有做到文明驾驶。

如果条件允许，你自己也愿意，碰到在公路边停靠的车辆，最好停下来问问司机是怎么回事、需不需要帮忙。

要是在路上有司机做了些有益于你的事情，就请你摇下车窗，招手表达你的谢意。

道，或者给朋友发短信，别人是不会专门注意你干这些事情的，但是如果你剪指甲，或者把玉米煎饼的馅儿掉一地的话，别人会特别注意你的。"

就像丽兹说的那样，如果你在公共场合剪指甲，那么你剪掉的指甲都跑去哪里了呢？是掉进了某一连续空间维度的裂缝里永远消失不见了*，还是蹦到了正站在旁边看Kindle（电纸书）的人的屏幕上？**

"有关个人保养或者处理个人事情的话题，尤其是个人卫生，最好不要在公众场合谈论。"她说，"聊天也是一样的，不要在公众场合和朋友肆无忌惮地聊天。因为私人健康问题不宜在公共场合讨论，但是，如果要聊你和你的医生在某天约好见面，这是可以接受的。"

丽兹还提到，大家也应该改掉在公共封闭场所里打电话的坏毛病。

"因为大家在无意间听到别人电话里的声音，就会止不住想继续把电话里那个人说的话听完。"她说。

座位也是一个比较棘手的问题：如果在这一节车厢里面有人比你更需要仅有的那个座位呢？虽然大多数情况下答案是没有人——那你就幸福地享受那个座位吧，但是万一有人看起来面容痛苦或者特别累（假设你既不累也不难受）；或者年龄比你大；或者是经过长途疾走后脸上挂着明显的倦意；或者是挺着大肚子的孕妇（又或者她只是想让你觉得她是个孕妇而已），时不时摸摸肚子里的宝

---

* 不可能的事。

** 这种事很有可能发生。

宝……碰到上述这些情况，你就应该把座位让出来。

生活实属不易，在遇到他人痛苦、需要帮一把的时候，你能做到的就是帮别人一把。

先与其用眼神交流一番，微笑着问："打扰一下，你需要坐一会儿吗？"而不是"你需要我这个座位吗"。因为交通工具上的座位不是属于某个人的，而是共有的。

可悲的是，有很多人——我在这里要指明，其中大部分是男人——不知道是生理结构的原因还是什么别的原因，他们经常在坐着的时候将两腿分得很开，一个人占两个人的位子。

如果遇到上述情况，你就可以微笑且有礼貌地看着被他霸占的座位，对他说："请问这个位子有人吗？"

如果有人向你讨钱

遇上这种情况，可以参考蕾丽亚·高兰提供的解决办法，而她也是听一个在新奥尔良流浪汉工作站工作的朋友讲的。

蕾丽亚说，面对向你讨钱的人，把他们当成和其他人一样为生计奔波的上班族，乞讨就是他们的工作，就像手机店里面推销手机的销售人员一样，销售手机和乞讨一样，都是他们赚钱的方式。

可能在第十四次遇到推销人员推荐你注册会员卡的时候，你已经不耐烦了，根本不想注册，于是你会很礼貌地说一句："不用了，谢谢！"其实，对于向你讨钱的人一样可以这样回答，并加以一个微笑。

微笑要领

你平时肯定注意到人们在拒绝的时候会习惯性地微笑一下。实际上，在我采访这些"亲切大咖"的时候，她们几乎都提到过交流过程中眼神交流和微笑的重要性。不过，强制微笑或者假笑还是令我感到不舒服，因为我觉得，要是一个陌生人自己不和善、不微笑对我，还暗示我没有一般女性该有的甜美笑容，凭什么要求我那样对他？

即便如此，在这里，我还是要告诉大家微笑的重要性。微笑不仅会使他人感到快乐，更为重要的是，会让自己快乐起来。微笑就是向大家证明你此刻的心情既不低落也不生气，你很开心，很平和，这样就会让对方更愿意接受你所说的话。在交流的时候对他人微笑，也是一种尊重他人、认可他人的表现。所以，面带微笑是一件利人利己的事情，也是国际通用的表情，而且其作用不可小觑。

"要让微笑的习惯成自然，"弗吉尼亚·普洛斯基说，"如果你知道自己在这个世界上的角色，知道自己一定会对这个社会有所贡献，那么你就不会面露不快。"

如果你实在不想面带微笑或者强颜欢笑，那就不用强求自己。你没有必要一直要像个傻子那样乐呵呵的。但是，在日常生活中，用微笑开启每一天，以微笑来面对每天遇到的人，都是有百利而无一害的，不信就试试吧。

乘飞机远游

大家先举手表决一下：旅行过程中，谁最喜欢乘飞机的部分？确实，应答者寥寥无几。其实现代乘坐飞机旅行是一件令人不安的事。为了登上所订的航班，要带着所有行李及时赶到机场，非常安静地在一条长长的队伍中排着，而这支队伍的尽头不是摩天轮或者冰激凌，而是安检口，在那里，你不得不脱下外衣*，放到随身物品篮子里，再快速取回。之后，如果没有必要搜查行李袋或其中的每个物品，你就可以重新穿戴起来，在毫无人气的地下隧道中行走几里路，之后静静地坐着，耐心地等待，直到登机时间到了，你和其他人像牲畜一样拥入机舱，踏上高速死亡之路。实在太冷血了**。

但是，面对命运的安排，人类有时候是非常无力的。因为你并不能决定你搭乘的航班是否会平安飞行、航班是否会准点、天气状况如何，会不会因为天气的突变而导致航班延迟，让你在候机室等待好几个小时，甚至最后取消航班，你只能就近借宿一晚。而且，就算你顺利上了飞机，也不能保证你旁边坐的那位先生／女士是会找你麻烦，还是会很愉快地与你度过几小时，然后平安落地。***

在最艰难困苦的时候，最容易展现人性的光辉，同样，在乘飞机旅行的严酷考验中，你也可以看到人们内心的善意。

---

* 在安检的时候不但要脱去外衣，最要命的是还要脱鞋！

** 若真是这样，我宁愿坐轮船也不坐飞机。

*** 赶紧给大海发送一封邮件，说我会立马转坐轮船出发。

下面是一些教你在航班出现问题时"起死回生"的办法：[*]

❀ 穿合适的衣服。秘诀就是尽量穿一些纯色长袖毛衫或者长裙，也可以搭配长裤或者长靴。最重要的就是要穿得像睡衣那样舒服自在，但也要注意这是在公众场合。合适的穿着，会给你带来乘坐头等舱般的舒适感。

❀ 之前我们说过微笑在交流中的重要作用。在坐飞机的时候，这一点也同样适用。在某些特殊场所，比如医院，家属患病住院，在跟主治医师讲话的时候，一定不要小瞧面带微笑的作用。在飞机上，某些乘客糟糕的心情跟无辜的乘务员毫无关系，但是乘务员往往会变成那些乘客的出气筒。我向你保证，这架蓝色喷气式飞机的乘务员不是巫婆，不会将七个州的风暴全部召唤过来。如果她真的是巫婆，那你就要礼貌待之了，谁有能力与能控制暴风雨的女巫抗衡？反正我不会这么做，任何人任何时候都不会这么做。

❀ "你好！今天过得如何呀？"这是一句非常得体的问候语。如果航班出现异常情况，工作人员其实和你一样心焦（其实工作人员时时刻刻都在为航班操心）。面带微笑，对工作人员说一句："你好！今天真是够倒霉的（天气原因或系统差错原因，等等），你还好吗？"这会让人心中涌出一股暖流，这样也就表明了你和工作人员的心情是一样的，大家

---

[*] 真的是太残酷了，我发誓我再也不坐飞机了。

都希望飞机能够正常飞行。

❋ 多想想"如果你是我，你会怎么做"，也就是说，多换种角度考虑问题。处于航班故障的情况下，就得根据具体情况多做其他打算：或是先找个宾馆住一晚，或是在周围逗留一会儿，等等航班的消息……

登机时间到了。我常常对那些行李并不多但又早早排队候机的乘客感到困惑，只要及时赶到，手拿登机牌，面带微笑，向工作人员道谢，准备登机就可以了。

好啦！上飞机啦！见到了自己身边坐的伙伴。丽兹·波斯特有一个好办法，能让你快速判断身边的乘客是一个怎样的人，他/她会不会在漫长的飞行过程中陪你聊天。

"你可能会顾虑，我拉着人家说话，会不会让人家不舒服？"其实，让大家不舒服的只是机舱里的座位和没有降落的飞机。在丽兹坐飞机的时候，她会和旁边的人搭话，以共同消磨难熬的时间。

"如果真的想和旁边的人攀谈，"她说，"我会在系安全带的时候热情地打个招呼，然后顺便问一句'是不是回家啊？'，然后根据对方对这个问题回答的情况判断这个人是否健谈。"

如果你身旁的这位女士回答得十分详细，说这是去看望她姐姐，以前她们姐妹俩关系不怎么好，但是自从父亲去世之后，情况就变

> 如果你不小心听到有人说别人说了你的坏话，首先要思考这是否是事实。要是真有人说你的坏话，那就当它是真的，然后努力提升自己的能力或者改正错误，做更好的自己。
>
> ——莱斯利女士才不会在意你有什么借口或者心情不好。

了。她还说自己此行最放心不下的是家里的生意……这就证明她确实是一个健谈的人。

我不喜欢被陌生人拉着听他们凄惨的家庭背景，或者谈一些私事，但或许你对这种情况并不反感。丽兹说过，要是你不喜欢别人拉着你一直谈这些东西，完全可以拒绝听他们说，不做他们的"聊天人质"。

"我会这样拒绝：'哦，希望你旅途愉快！不过我现在准备看书了，如果你要出去的话，不要怕打扰我，叫我起来就可以。'"这就是丽兹终止谈话的巧妙办法之一。

她说："你还可以这样说：'和你聊天真的很愉快，不过现在我得赶我的报告了。'或者其他什么理由都行。"

但是，需要注意的一点是，不管你要干什么，都不要对身旁的人表现出一副嫌弃的样子。如果真是他们做得不对，比如在飞机上酗酒、大喊大叫，那你完全可以对他们表示自己的不满。但是，如果旁边的乘客带着一个不懂事的小孩，大哭大闹，弄得你不能安宁，或者身旁的乘客不是那种"理想体形乘客"*，那你也束手无策，你不能决定别人的体形或者小孩的情绪。你可以自己幻想："啊！我好希望那个小孩停止哭闹啊。"或者幻想待会儿落地之后跟来机场接你的朋友吐槽。总之，对于那些对自己的状况无能为力的乘客，你都不应该发泄自己的不满。所以说，坐飞机的时候戴一副耳塞很重要，耳塞轻便、易携带，而且可以被捏成各种形状玩！

---

* 理想体形乘客：体形小（像哈巴狗那样）且安静的人。体形偏大的人会让大家的飞行旅途不甚舒适。

如果你和我一样，特别恐惧飞机遇到强气流时的颠簸，在这里，我告诉大家两个办法：

第一，不要低估镇静剂的作用。说白了，你是想在飞机颠簸的时候内心无比惶恐、吓得默默流泪或者跑去卫生间用纸巾堵住自己因害怕而致的哭声，还是镇定自若地看着手里的一本《哈利·波特》？我肯定你会选择后者，所以去找你的医生给你开点药吧。

第二，告诉空乘人员[*]。要是在我上飞机的时候，刚好身旁走过一位空乘人员，我就会停下来问："你觉得这次飞行会不会遇到颠簸？我很害怕……"

天哪！我太佩服空乘人员了！他们简直帅呆了。因为在紧急时刻，他们能在短短九十秒之内把百号人从飞机里面疏散出去，能在飞机遇事之后在上下倒置的机舱内敲开机身的舱门，帮助大家逃生。他们还能帮助缓解飞行恐惧症患者的紧张。如果你恐惧颠簸，他们会告诉你这次航班飞行途中的详细状况，比如会告诉你飞过俄亥俄州上空的时候会遇到轻微的颠簸，但不必害怕，因为那是常态。

飞行时间到了。请尽可能地安静坐好。我觉得坐飞机可以睡着的人都是神人，如果你也是的话，那就睡吧。不要醉酒坐飞机，如果你想走镇静路线的话，也不要像我上次一样，活活上演了一遍真人版的《伴娘也疯狂》中的场景，导致第二天我发推特向阿拉斯加航空公司的波特兰航班乘务人员致歉。朋友们，你们可别像我那样，在这里我再次表示真诚的歉意。

飞机落地！如果你有什么急事，想在飞机落地之后尽快下飞

---

[*] 我把他们称作"蓝天心理医生"，专治飞机颠簸恐惧症。

机，最好提前告诉乘务人员，让他/她帮忙安排。如果没有提前跟乘务人员打招呼，一定不要抢下，要耐心排队等待。第一个下飞机的人和你下飞机也隔不了多久。有时候生活就是这样，并不是所有事都在你的控制范围之内，就像太阳不会从西边升起一样，你只能顺从生活的安排。

拿上你的包包，提好你的行李，终于下飞机啦！给你热爱的大地一个亲吻，暗自在心里告诉自己，从此再也不坐飞机了。

终于，你结束了这漫长的旅途，所幸身心都完好无损。开始准备上班吧，别急，先来杯咖啡。

好吧，买咖啡的时候又遇到了排队，而且是可排可不排的队。*这时候有两种选择。

决定不喝咖啡了，直接走开，去买别的饮品。

想喝咖啡，那就好好耐心排队吧。不要插队，在别人借过的时候优雅地让一让。其实排队这件事就是一个耐心活儿，要注意队形的移动，是不是快要轮到自己了，考虑好你的支付方式，到时候就不会耽搁过长的时间。如果队伍不长，买的人不多，而且你已经决定好买哪一种了，那就赶紧排队吧。

但是，在你买完东西，售货员找好零钱，你接过零钱之后，总有那么几秒令人尴尬的时间——因为接过零钱就表示你已经买完了，但是你将零钱装到钱包的这几秒刚好又妨碍了下一位顾客。所以，装零钱的时候，就像动作片里的高潮部分一样，后面的人会

---

* 必须排的队包括在车管所办手续、在医院等待肾移植，或者是排在一场飓风过后镇子上唯一一开门的面包店门前，等等。其实咖啡是可喝可不喝的东西，所以说这种队可排可不排。

由顾客至上所想到的

我非常喜欢诺拉的一个说法，那就是，把整个世界想象成你开的精品服装店，在这个店里，你对每位"顾客"都提供上好的服务。想想能给你生命中遇见的所有人提供你最好的东西，这是一件多么美妙的事情啊。

更为重要的是，你在给顾客提供服务的时候，自己心里肯定也是美滋滋的……因为奉献是一件能让人快乐的事情。

她还说："在生活中对别人说'你好'和'再见'也是不可忽视的事情。虽然从小到大，大人教我们要学会对别人说'谢谢'和'请'，但是说'你好''再见'也是同样重要的。

"要主动跟别人打招呼，不要让他人有被忽视的感觉。不论你和对方聊天的时间是长是短，都要表现出你对他人的重视。

"在你进入一家店铺的时候，服务员都会主动向你问好，不管是因为他们为人和善还是因为这是员工应当遵守的规定。碰到人主动问好是人人应该做到的事情。"

特殊情况

在写完上面内容的第二天，我碰巧在播客中听到两个人讨论这个话题：内向一点的人不喜欢在进店铺之后被服务员打招呼，甚至会感到浑身不舒服。所以，明白了吧，要有一双慧眼，注意察言观色。

假如碰到戴着耳机，目光盯着地面，沉浸在自己世界里的人，最好不要大声打招呼："你好呀！"然后伸长脖子去打探对方在干什么。*

如果对方明显沉浸在自己的世界里，你最好不要去打扰。

---

* 要是你真的那样做了，最好录像，给我发过来看看。很明显，不可能把这种场景录下来，因为这是涉及个人隐私的事情。你可以拿你熟悉的或者和你关系比较好的人做实验录下来，但是仅限一次，禁止多次如此待人。

想：她到底能不能在定时炸弹爆炸之前剪断炸弹线路？

每个人都会遇到这种情况，所以也不要太在意。如果你真的嫌弃自己会影响到后面的顾客，那就在接过零钱之后拿着小票直接走开，之后再慢慢整理。

上班时间

在这部分，我本不该大篇幅地讲办公室日常生活，因为在前面我基本都讲过了。对于一些棘手问题的解决、和他人协商，以及为自己的观点而反驳别人等具体细节，都可以在本书第三章中找到。下面是办公室日常对话的一些例子，你可以以此和你的同事做一个比较，看看谁更有礼貌、讲文明。

对一位怀着日常上班情绪的同事："早上好！上个小长假玩得怎么样啊？（很不错！）哇哦，那太棒了！我也想去，有什么攻略可以给我吗？"

对一位面色镇定的同事："你好！今天我要把 X 事办完，可能需要你帮我一下，最好赶在中午之前结束，你看可以吗？（可以。）那就太棒了！"

对一位看着很忙的同事："我知道你很着急，所以我长话短说。下午两点前我可以从你这里拿到一份完备的 X 项目计划吗？如果不行的话，你看能不能给我个大概时间？谢谢哦！"

对一位风风火火、忙来忙去但你又帮不上什么忙的同事，一句"你好"就够了。

对一位手忙脚乱而且你可以帮上忙的同事："琳达，你还好吗？需要我帮忙吗？"如果对方是那种不喜欢麻烦别人的人，不希望你帮忙，那就随她的意思吧。如果对方不好意思主动提出让你来帮忙，那你就默默地帮她收拾散落在地上的文件、滚得到处都是的巧克力豆，打扫办公室摔碎的盆栽碎片，等等。

如果你打算给某人语音留言，下面是一个我自己的模板：

> 早上好！我是凯莉·威廉斯·布朗，我现在在家。今天是星期一，请问您是某某熟食店的排骨先生吗？我想问一下您那儿还有没有我经常吃的意大利熏火腿套餐。如果可能的话，我下午会再次打电话过去。请您尽量在周二早上11点之前做好并送来。如果排骨先生能尽快给我回电话，那就再好不过了。我的电话号码是555-熏火腿-正在预定*，再来一遍（速度更慢一点），我的号码是5——5——5（停顿）熏——火——腿（停顿）正——在——预——定。我是凯莉·威廉斯·布朗，预定贵店的意大利熏火腿套餐。谢谢！拜拜！**

上面是我在新闻编辑室的语音留言模板。其中清楚地说明了我是谁、我在什么时间、从哪里、给谁留的言以及留言原因，并简明

---

* 这里是原文的直译，原文用英文单词代替了数字，刚好单词又是自己预定的食物，表达非常幽默。——译者注

** 我不知道为什么所有接受我采访的那些亲切人士和我通话的时候最后都不约而同地来一句俏皮的"拜拜"。我当时就觉得挺独特的，我想，自己是不是也可以那样。之后我也有意识地试了试，感觉还不错。

扼要地说明了我预定的时间以及此信息失效的时间。我的电话号码出现了两次，因为有时候人们听一次听不清楚，以防搞错，我会说两遍。最后是以说明自己是何人结尾，因为说了这么多信息之后，可能对方忘记了留言的人是谁、叫什么，我不想让对方从头开始再听一遍，所以会在结束的时候再说一遍自己的姓名。

午饭时间到！如果你在自己的办公桌上吃饭，最好注意一下饭味儿和咀嚼的声音，因为可能会有人对这些反感。如果你想一个人出去吃，恰好有人想邀请你一起吃，那就礼貌地拒绝好了。你可以说："不好意思，今天我还有其他事情，谢谢你的好意！咱们改天一起吃吧。"

如果你是和同事一起出去吃饭，提前打探清楚一起去的都有谁，因为你有权选择和谁一起度过自己的空闲时间，尤其是有权选择和谁一起出去，万一一起出去的有那种喜欢性骚扰别人的人呢？

在办公室拉帮结派、排挤别人也是待人不善（做得也不对）的行为。这样会伤害大家的感情。如果仅仅是想和某一部分人出去吃饭，最好的办法就是邮件联系。如果你是口头召唤大家："我打算去玉米煎饼屋吃饭！"最好后面再加一句："有没有人一起呀？"如果你们几个想私底下一起出去吃饭，最好在电梯里或者是办公楼底下碰头而不是大声地在办公室里商量。因为这样就算被其他人看见了，他们也并不知道你们是否是商量好的去同一个地方吃饭。

注：关于写电子邮件的注意事项，请参考本书第二章的第56页。

在和同事一起出去吃饭的时候，可能大家会闲聊许多工作之余的话题。这时候你也得注意自己的言行，因为那些爱背后说别人私事的人对你说的某些话肯定也不会保密。

亲切之理论

——贝弗莉·吉安娜

有人说亲切就是举止得体，而我觉得亲切不止于此。亲切应该是真心实意，充满热情。

我觉得待人彬彬有礼、善于聆听、关心别人、想人所想、热情好客不只是在你作为主人待客的时候应该做到的，而应该在日常生活中这样做，然后接力传给大家，最终人人都做到这样。亲切是一个要永远学习的东西，如果只是止步于浅显层面上的亲切，那不是真正的亲切。

我和多米尼克结婚已经四十七年了，我总是要求自己对陌生人或者亲人之外的朋友，像对自己的家人以及丈夫一样亲切。多米尼克本身也很不错，他也是一个富有亲切感的人。不管自己处于什么样的状态，他都能够做到待人亲切有礼。

我觉得，一个人必须学会处事不惊、镇定自若，要学会冷静分析自己的想法，要学会三思而后行。

比如你在外面度过了非常糟糕的一天，回到家之后，家里也是乱成一团，这时候，千万要镇定，这样才能解决问题。保持头脑镇静是什么时候都不能忘记的。

在我遇到困境或者处于低谷的时候，我会尽量不找人帮忙，因为我觉得解决问题的根本在于自己，不是他人。我已经学会了处事不惊、自行解决。

我也不是把想帮助我的人拒于千里之外，如果有人愿意帮我，我也愿意接受别人的帮助。但是我不会主动去找别人帮忙，因为在别人那里找不到解决自己问题的根本，只能靠自己。

吃饭时间也是一个发牢骚的好机会。比如大家谈论的同事劳瑞是一个整日无所事事、极力逃避工作的人。*大家肯定都对这种人不满。但是，大家在谈论的时候都不会明说，都是暗指。下面咱们来看一看大家都会怎么说他，脚注里面有话中话的解释。

> 在你和其他男士一起逛奢品店的时候，尽量不要把你对那些奢侈品的渴望之情表现出来，也不要说你本可以买下的，如果没有买，也不要嘟囔。要不然，和你一起逛的男士会以为你是想让他帮你买。
>
> **——和美国说唱歌手卡内一样，莱斯利也特别憎恨拜金女。**

"伙计们，你们觉得劳瑞这个人怎么样？唉，愿上帝保佑他。**对啊，劳瑞·斯洛森这个人吧，他有点……（此处停顿了一下，以表强调，顺带做了个鬼脸）健忘***！！我都问这个可怜的人儿****要了多少次他的联系方式了，他到现在都没有给我。你们觉得他是不是该看看医生啊？*****唉……我觉得他也挺辛苦的******，已经尽力了*******。"

---

* 这种人喜欢故弄玄虚，可是世界上就是存在这种人。

** 愿上帝保佑他＝我想弄死他。你越是对劳瑞生气，就越会强调"保佑"二字。

*** 健忘＝要么懒，要么傻，要么装傻，就是不想干活儿。在这里，其实还可以这样反讽他："很受大家欢迎""人很聪明""他已经尽力了"等等。

**** 可怜的人＝无脸人。

***** 你们觉得他是不是该看看医生啊？＝如果我再要一次，他还是不给的话，我就会拿着匕首去要。

****** 大家都明知他并不辛苦，但是这里之所以这样说，就是可能在为劳瑞找台阶下，说不定他经历过什么家庭不幸。要真是这样，我们都在身后支持你、帮助你，加油！劳瑞！

******* 他已经尽力了＝任何一个正常人都不会真的尽力故意忘记东西的，就跟不会去修理没有问题的马桶一样。

现在，让我们回过头来重新审视一下大家所评论的斯洛森先生：他似乎有一点健忘，而且他已经尽力了，大家应该谅解并帮助他。

你看，把原话再说一遍的时候，就比说他是个好吃懒做的傻子好听多了，而且说别人是傻子的时候自己心里也不愉快，这不是在给自己增加不必要的烦心事吗？

还有，在一段时间内因私事不能和大家保持联系之前，不管这段时间是两三天还是一个月，最好提前告诉需要联系你的人，并且告诉他们如何能够找到你（如有可能），以及你可以和大家恢复正常联系的时间。其实一封非常简短的群发电子邮件就可以搞定：

> 亲爱的阿丽森、伊丽莎白、保罗、亚利克斯、杰克和萨拉·简，大家好！
>
> 跟大家说一声，我因为要把事情X，Y，Z赶在今天下午3点之前办完，所以从现在开始到3点我都不会查看邮箱，所以，大家如果有什么事情找我，请在休息时间给我打电话或者直接过来找我。
>
> 谢谢大家的体谅与配合。等这项工程结束了，我就轻松了。
>
> 凯莉

其间，如果有人因为一些无足轻重的小事来打扰你，你可以态度非常好地回答："嘿！乔瑟夫，我也想帮你，可是我正在准备做报告，可以在下午3点那会儿帮你看看吗？那时候我就完事了。"这样回答就表明了你并不是不愿意帮助他，只是自己正忙于急事，忙完之后就会帮忙的。

如果对方坚持要你现在就帮他，但是你觉得那件事并不着急，你就耐心地听他讲完，然后点头表示认同，再用和上面同样的语气清楚地告诉对方："我可以下午3点再帮你看看吗？"

哦！不妙！这时候上司来找你了，还带着一丝神秘感。

"是这样的，我觉得你……做的那个……东西最好要与众不同。"女上司说。你也知道她话中有话，但是又不知道她的确切意思是什么。那就戴上神探夏洛克之帽吧。

"您好！神秘女上司！不好意思，我想知道咱们说的是不是同一件事，您说的做的那个东西是指我要做的报告吗？哦！对了，我想起来了，您是说那份保险文书啊。不好意思，我弄混淆了。好的，我现在明白了。我跟您说一下那个保险文书的情况吧。我已经填写完毕并交给了人力资源部，下一步您想怎么样呢？是想让我从人力资源部那里拿回来，把它折成小船，然后……放到威拉米特河去？好嘞！我会照办的。我会在3月中旬之前办妥。把所有文书都折成小船，再给每只小船上插个桅杆，然后点燃桅杆，放到河里，再放一首音乐，看着这些带着火苗的小船远去，直到它们消失在视线中……好嘞！我明白啦，目前到下周我都腾不出来时间办这件事，但是我一定在3月12日之前搞定，这样离15日还有三天时间。"*

无论怎样，你都不能在语气或者表情中露出一丝对上司说话方

---

* 这段话是利用一个把文件折成纸船的比喻，来巧妙指代顺从上司的意思撤销此文件。
——译者注

式的不满。

你应该细心梳理每一句话所包含的信息点，不加偏见地猜测上司是想以什么样的方式干什么，要表现出自己浓厚的兴趣，与此同时，还须保持镇定自若。

至于上司为什么这么做，其实原因就像潘多拉魔盒。对于不该知道的事情，还是不知道为好。就像我的一个朋友汉娜说的：我们只管做事就好，对于不该知道的还是不要去打听。只要你知道你上司下一步的计划，明白她的意思，那就够了。

一个合格或者说优秀的员工就是要勤于工作，不因懒惰而逃避工作，也不要在公司的电子办公产品中处理个人私事。早上来上班给大家问好，晚上回去时道别，到周末时祝大家周末愉快。如果看到哪个同事好像心情不好，除非他们说明不想被打扰，否则就过去热心地问问……这就是一个好员工应有的表现。

下班时间到！上班族最希望得到的就是下班后的清闲一刻。下班之前，收拾收拾桌子上的文件，安排好第二天要做的事情，尤其是那些容易被人忘记的小事，最好写张便利贴时时提醒自己。如果你知道某个同事经常忘记要做的事情，你可以帮他/她写张便利贴，贴在键盘旁边。其实，同事之间互相贴一些好看的便利贴或者写着激励话语的便利贴，非常有利于营造轻松愉快的办公环境。

这些小东西真的能起很大的作用。之前我作为自由职业者在一家广告公司参加一个项目的时候，我是新到的，同部门的其他同事都已经为那个大项目忙碌好几个月了，所以在项目处于瓶颈期的时候，我就感觉自己有一点点脱离大家的步伐。有一天早上，我上班的时候，发现键盘旁边放着一个小小的石雕丛林狼模型，还有一张这个项目设计师制作的卡片。最后，我发现大家桌子上都有一个，至今我还保存着。

给同事送个小丛林狼雕塑的主意非常好*，因为工作确实会让人疲惫，所以送个小小的礼物能帮助同事缓解一下紧张的工作状态，从而更有利于工作。你看，和同事在一起待的时间都比和自己爱人待的时间长，为何不给与自己天天待那么久的人一点点小礼物，以表示对对方的重视呢？

休闲娱乐时间到！

自由是最珍贵的东西。你可以随自己的心愿支配自己的自由时间，或静坐树荫下思考人生，或在爱好中寻找一丝快乐……

哈哈，这是玩笑话！如果你和我一样，没有其他特别的爱好，就喜欢晚上不看手机、练练书法、看看剧，只要保证回家途中一路顺风，到家好好泡个澡，再吃一块乳酪馅饼，真是美滋滋的……不要管那些泡澡时不能吃这不能吃那的说法，把那些通通抛到一边，怎么舒服怎么来。

但是，事情有时候并不会如你所愿（叹气）。你并不是孤身一人啊，你还有你爱的、爱你的家人。尽管你工作了一天，感到非常疲累，但是，如果你已经制订好了计划，那就按照计划执行吧。

唉，我就是一个做事丢三落四、事到临头就会有点想打退堂鼓的人。下面有一个曲线图，能够清楚地看到我在某次聚会全过程中的情绪波动状况，在聚会正式开始前的当口，我就会因为疲惫之类的原因而有点不想去。

---

* 我只是打个比方而已，你没必要跑去礼品店特意买个丛林狼模型回来。

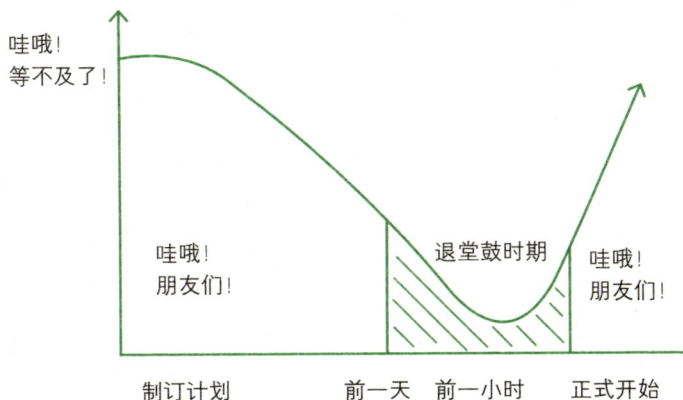

哇哦！
等不及了！

哇哦！
朋友们！

退堂鼓时期

哇哦！
朋友们！

制订计划　　　　　前一天　前一小时　　正式开始

但是，一般情况下，受邀请的亲朋好友可没有像我这样的情绪波动。相反，他们对我举办的这场活动一直很期待，而且十次中就有九次，只要我到场，气氛就会异常高涨。就算我心情不错，最多只待四十五分钟左右就会离开。如果是两个人约好见面，我肯定会提前给对方打招呼说明情况：

"汉娜，虽然我很想见你，但是这周工作任务实在是太重了，我的身体有点招架不住，所以你看咱们能不能不去原计划的蹦床馆玩，去酒吧喝点酒怎么样？我真的特别想见你，但是今晚还是要看具体情况，看我的身体是否能撑住。"

听了我的话，汉娜这时候可能会通情达理地说，她自己也很累，那就不去蹦床馆玩了，一起去喝点酒就好。那这样就太好了，万事大吉。但是，要是汉娜听了我的话之后稍有犹豫，那就说明她真的想去蹦床馆。这时候我应该这样回复：

"好呀！那我们就按照原计划行动！我都等不及了！"然后再加上几个可爱的表情。

好啦，现在我们再次回到聚会这个话题上。大家终于聚到一起了，除了那个经常迟到的朋友。请大家千万不要像他那个样子。平时出门就假装聚会提前半小时开始，这样就会督促自己不迟到。如果你也是一个经常迟到的人，那就说明你本身就缺乏时间观念。其实，我也有点缺乏时间观念。

丽兹说："准时到场非常重要，没有人愿意刚到就因迟到向大家道歉。"

因为你一旦以给大家道歉开场，那就是求大家原谅自己，所以之后的事情就难办了。

平时我和别人约见面时间的时候，我都会将时间定得稍晚一点。比如见面之前我有场会议，从5：30开始，大概到6：45就会结束。我会给自己留15到30分钟的时间做整理，下班，回家收拾一下，然后出发。可能到达约定地点就是一个小时以后了，所以我会和对方约在7：30见面。

我给自己计划好时间，就不会急急忙忙、灰头土脸地赶到现场。相反，我会很从容地到达聚会现场，很轻松地和大家打招呼。

丽兹给我们这些不太守时的人的建议是，提早给自己安排时间，计划一下多久可以收拾好出门，不对，是多久可以坐到车里准备出发。因为我出门经常是"一步三回头"，总要返回家再拿上忘带的东西。

丽兹说，如果预计你会晚到那么几分钟，但不超过十五分钟，那就给朋友发个短信打个招呼：

"不好意思，路上有点堵，所以我会晚到几分钟。请大家不要等我，

> 不管你多么聪明，智商多高，都不要用自己的小聪明去戏弄朋友，因为这样的话，你们友谊的小船就会说翻就翻，甚至彼此会反目成仇。
>
> ——莱斯利女士谈为什么不宜和耍小聪明的朋友久交。

先开始吧。你可不可以先帮我点杯葡萄牙青酒？我一会儿就到。"

做一个言谈举止得体的顾客

我们假设已经到了前文提到的和汉娜约好的酒吧。现在是和服务生交流的规范。做过服务生的读者可以跳过这一段，但是没有做过的人就得用心看了。

* 服务生和你一样同属人类，所以你一定要对他们友善。如果他们告诉了你他们的名字，你最好记住。因为在酒吧这种轻松的氛围中，你当然可以和对方搭话。如果对方处于兴奋的工作状态[*]，服务质量肯定会更好。

* 可以观察一下服务生，或者扫一眼周围，看看有多少桌客人、多少个服务生。如果桌桌客人都是满的，服务生肯定很忙。所以，如果你需要什么服务，请尽量体谅一下服务生，耐心一点。

* 坐定之后，准备点餐吧。如果大家还没有准备好点餐，那稍等一会儿也可以。在这么轻松愉悦的休闲时间内，没人想着急急忙忙吃完就走。

* 如果你需要点什么东西，比如，想给凉茶里面加点糖，提

---

[*] 兴奋的工作状态的主要表现：眼疾手快，口齿清晰伶俐。

前问问同桌的人是否也有这种需要，这样就会给服务生省去不必要的劳动。比如有三个人要糖，让服务生跑一趟总比跑三趟好多了。

* 如果你点的是蟹爪，但是服务生道格拉斯搞错了，给你端来了一碗米饭。不要发脾气，也不要要求人家给你道歉，人非圣贤，孰能无过？所以不要在道格拉斯弄错了这件事上纠缠，完全可以告诉他："你好！其实我点的是蟹爪，你可以帮忙换一下吗？谢谢！"对一个为你和你的朋友跑前跑后服务的人，不要吝啬于对他们说声"谢谢"。

* 如果你需要服务生道格拉斯帮忙，先和他用眼神交流一下打个招呼，然后招手示意让他过来。千万不要在人家忙着收拾餐桌、端着一摞盘子的时候把人家叫住。换位思考一下，想一想，在你双手都端着盘子要去洗盘子的时候，你会注意到别人，去帮别人吗？

* 一般情况下，大家都会带钱包的。万一你的朋友没有带，那你就大方一点。如果是你邀请朋友来的，那你就直接买单好了。

* 如果你心里清楚你还欠朋友一顿饭，而且你知道，要是你抢着付账的话，你的朋友肯定会不愿意，那就找机会提前悄悄把你的卡给道格拉斯。

* 如果朋友执意要帮你买单，至少要推辞一下，实在推辞不过再接受对方的款待。

"服务生只是服务生，而不是你的仆人。我就不跟把服务生当仆人的人一起出去吃饭。"丽兹说，"食物有问题是另一码事，不要对着服务生大发脾气，因为有问题的食物和端菜的服务生没有任何关系。"

走的时候，留下服务生应得的小费，然后开车回家！

和朋友们在城市中漫游时也是表现个人素质的时候，你们对葡萄酒、对这种乐趣、对完美的工作满腔欢喜，而且你们深知这座城市——哦，是这个世界——属于你们年轻一代，你们身后留下的欢笑声会在这座城市的摩天大楼中间回荡，而且声音会越来越大。这些声音的传播之远超出你们的视野极限，你们就是你们所在城市的代表，所以，你们文明就代表整个城市文明。

但是，不管你们多么年轻、多么重要、多么不羁，在公路上都得遵守交通规则，你们只能占人行道的40%*。

因为公路不是你一个人的，对面还有车辆驶过来，而且你身后的人并不是像在静谧的夏日午后散步那样慢慢悠悠地前行，说不定后面有人正赶往医院看望病危的祖母。所以，你应该礼让一下，让有急事的人顺利超车。

所以，这时就要注意：你不仅要关注你的同行者，还要关注你附近的其他人，包括在你前面的人和在你后面的人。如果有明显的安全隐患，我是不会参与这种活动的。

在你的视线范围内，请注意这几点：我所在的团队的每个人是否都与团队在一起？是否有人掉队了，现在正在努力追赶？或者，

---

* 根据原文的意思，基本相当于我们在开车行驶时只能占一条车道。——译者注。

更糟糕的是，掉队的人已经不在我的视线范围内了？是否有人开车离得太近？是否有人在我们后面突然快速出现？

如果这些问题的答案都是肯定的，那你就提高音量大声喊："朋友们！嘿，阿利森和梅瑞狄斯？稍等一下。有人看见凯特了吗？让她先过去，我要翻一下包找点东西。"

最后要注意的就是别给陌生人带来危险，其中一条就是，如有必要就开离右车道，为他人让路，也许有时不得不站在停泊的车中间或者躲进一个小角落。

如果某个朋友喝酒喝多了，有一点兴奋，走起路来摇摇晃晃的，这时候最好不要说："哎！你喝醉啦！我可没醉，你控制一下自己好不好？"而应该这样说："亲爱的萨拉，来，我扶着你走。"

当然，也许你身边的人不需要帮忙，但是，如果有需要的，你就应当做一只默默奉献的牧羊犬，守护身边的人，为守护整个社会贡献自己的绵薄之力。

"回家啦！回家啦！蹦蹦跳跳回家啦！*"

终于幸运地过完了这一天，太棒啦！你的书桌抽屉里没有蛇蜕掉的皮和卵！没有人掉到街道上的陷阱里而需要急救手术！你的朋友和家人都很安全，你也很安全！你甚至没有赤脚踩到蛞蝓！这一刻便值得感恩。所以，深吸一口气，短暂回想一下发生过的美好的事情，感谢一下这多彩的世间，然后再轻轻呼出一口气，真是完美。

---

* 这是一首英语启蒙儿歌歌词。作者是在维基百科中确定了这首儿歌不包含任何民族歧视色彩之后才引用的。

每天晚上坚持洗漱，养成保养自己的习惯。做完这些之后看看第二天的天气预报，想想第二天自己要穿什么，如果没有特别的想法，那么至少得穿得漂亮一点。

入睡前最后一件事就是闭上眼睛，细细回顾一遍今天过得怎么样：都发生了哪些美好的事情？还发生了哪些不甚美好的事情？我是如何面对那些事情的？我应该感激什么？哪些事我是用尽全力做的？用尽全力之后有什么效果？又有哪些事我没有做到最好？又有哪些地方可以改进？

最后，跟这茫茫宇宙说声谢谢，然后轻轻地闭上眼睛，也让忙碌了一天的灵魂休息休息。跟这世界道声晚安，祝你好梦！

朋友们，
愿你们都能够修炼成功！

好啦！本书就讲到这里啦！我们细谈了亲切、礼貌和得体的行为举止，以及如何做人的话题。

其实，亲切这个话题，是永远谈不完的。我希望人人都能够把亲切付诸行动。

至少我自己每日都会反思自己的言行。先不谈人生的意义是什么，也不说明天要发生什么事情，先把这些问题都放到一边，先自省一下每天是否做到了亲切待人待己，哪些是可取的，哪些又是不可取的。说白了，其实如何度过每一天就决定了自己是怎样的人以及会成为怎样的人。

人生就应当像桃乐茜·布坎南·威尔逊那样，在自己的所到之处，给他人留下美好。不管与对方交往时间的长短，都要让这段时光成为彼此日后会感激的日子。心怀他人，想人之所想，这样自己也会变得幸福许多。不管是一小杯咖啡还是一场盛大的聚会，大家都应该庆祝生活的美好，都应该抬头向前，迎接生活中的幸事与苦难。

每次在你决定要做一件事情的时候，都不能忘记做到亲切，这本就是我们应该做的。我们在人生的旅途中向前走的时候，理应在身后留下耐心、友善以及热情的种子。

处于人生低谷的时候，想想那些种子会开花结果，会面朝太阳，我们也应该在悲伤、气愤、痛苦的时候面向阳光，想一想身边美好的人、美好的事，为何要愁眉苦脸呢？为何不更阳光积极一点呢？人生在世，难免会遭遇挫折，但是人生在世须尽欢，要活得精彩、潇洒，不留遗憾。

就如明星卡特亚所说："在生命即将终结之际，当我回首往事的时候，我希望自己一生待人友善，不悔此生。因为修养远比成名重要得多，并不是人人都可以成为明星，但是人人都可以成为好人。"

拥有亲切之心其实就是对生活充满热情、对他人心怀善意，就是对自己身边的人，不管是对亲人、朋友还是街上与你擦肩而过的陌生人，都传递自己的爱心。

无论你是以何种方式行善，都是在以你自己的方式奉献。人人都是生而独特的，所以不必要和别人苟同。

所以，朋友们，请你们敞开自己善于发现美的心灵，并以热情与友善对待这个世界，你们会发现，自己和这个世界都会变得更加幸福、美好。

爱你们的凯莉

致　谢

　　我内心的感谢无以言表！这一部分我之所以迟迟动不了笔，是因为我不知道该如何对大家的帮助与支持表达谢意。要感谢的人实在太多，由于篇幅所限，不能一一列举，没有你们的帮助，这本书是不可能与读者朋友们见面的。在这里，我先对所有对本书做出贡献的人说声谢谢，谢谢你们在本书创作过程中提供精妙的点子。人无完人，书中难免会有错漏之处，都归我的疏忽大意，烦请读者朋友们指正。

　　首先，我要感谢莉亚·米勒和安娜·库克伯格这两位编辑，感谢她们的耐心以及周全的考虑。同样还要感谢女强人布兰迪·鲍尔斯对本书的指导意见。只要她和达娜·斯佩克特并排走，文学界和娱乐界都要因她们的脚步声而颤抖。感谢汉娜·汤普森的组织能力，还有艾米莉·威斯科特，你真是一位及时雨式的人物，感谢你们！

　　我永远忘不了那天在罗德尔公司会议室的场景，面对一群无所畏惧的成功女性，我觉得再也找不到这么优秀的出版商了。我要特别感谢项目总编霍普·克拉克以及文字编辑南希·贝利，感谢他们不辞辛劳、一遍又一遍地修改稿件。我还要感谢克里斯蒂娜·高乐对本书内页的设计，以及她的建议。感谢威廉姆·布莱格和威力姆·贝克对本书封面的精美设计；感谢丽兹·格鲁斯以及维塔家族帮助我定妆以及拍摄，艾米·金设计的前封面堪称完美。每周我都会和苏珊·特纳尔、艾米莉·韦伯·伊根以及安吉·格马里诺通电话讨论，感谢他们对本书的宣传工作做出的不可磨灭的贡献。最后，我要特别感谢编辑部主任詹妮弗·莱维斯克以及出版商盖尔·冈萨雷斯对本书面世的支持与帮助。

感谢为本书提供人物素材的所有女性同胞（以及男性朋友），没有你们，本书就不会这么精彩。非常感谢你们，非常感谢邦妮·特朗布尔、诺拉·弗兰和她的母亲玛丽·简·默雷尔、马里恩·哈钦斯、克里斯以及艾兰·格鲁克、弗吉尼亚·普洛斯基、蕾丽亚·高兰、弗兰基·贝尔、丽兹·波斯特、南希·凯芙尔、桃乐茜·布坎南、威尔逊、罗比·拉米·夏皮罗、萨拉·万·巴根、亚历山德拉·弗兰岑、希拉·汉密尔顿、亚利克斯·安吉尔、李·威斯汀、牧师布莱恩·贝克、丹尼尔·波斯特·森宁、玛丽·尼克森·约翰逊、霍莉·罗杰斯博士、明星卡特亚、贝弗莉·吉安娜、凯特·格瑞米林、苏珊·曼库索、霍莉·沙姆韦以及布兰达·博伊尔。

在这本书的创作期间，我正处于低谷，因为身边的家人和朋友给予了我莫大的关心以及鼓励，才使得我走出低谷。感谢杰西卡·麦克斯韦、汤姆·安德森、柯克·坎德尔、塔米·哈米特和亚尼内对我的鼓励与支持；感谢安妮、伊丽莎白、金、舒尔特、梅雷迪斯、莫利、杰斯、萨拉·简、杰克、保罗、克里斯、史蒂芬、汉娜以及凯特耐心地听我讲述书中的内容；感谢我的母亲比恩，还有我的姐妹们——奥莉维亚、伊丽莎白、戴弗以及艾拉·贝尔的支持。最后，我还要感谢人工智能技术，感谢它在本书出版工作中所起的巨大作用。

还有在本书中出现的凯特，感谢凯特的奉献，终有一天我们会如你所愿地永远在一起。